智能制造领域高素质技术技能人才培养系列教材

江苏省高等学校重点教材
（编号：2021-2-070）

基于MES的智能制造单元生产与管控

主　编　马雪峰　史东丽　王翠凤
副主编　许爱华　任　燕　符学龙　王华东
参　编　高建国　庞雨花　梅明亮　张伯楠
　　　　方书平　耿云龙　张志成　陶　晓
主　审　丁　岩　刘　江

U0380668

机械工业出版社

本书是常州机电职业技术学院优质双高学校的建设成果，编写思路借鉴教育部委托行业职业教育教学指导委员会项目《智能制造机械行业人才需求与职业院校专业设置指导报告》调研结论，本书中的任务源于企业实例。全书分为台阶轴的智能制造单元生产与管控、上盖的智能制造单元生产与管控、顶盖的智能制造单元生产与管控和组件的智能制造单元生产与管控四个项目，涉及机械加工工艺、工业机器人操作与编程、数控车床和加工中心操作与编程、生产线仿真搭建、自动编程、MES 控制软件应用等相关知识。本书采用上海英应机器人科技有限公司的 SMES 软件进行生产化管理。

本书可作为高等职业院校机械制造及自动化、数控技术、智能制造装备技术等专业的教材，也可作为智能制造工程技术人员的培训用书。

为方便教学，本书配有免费电子课件、操作视频、模拟试卷及答案等供教师参考。凡选用本书作为授课教材的教师，均可登录机械工业出版社教育服务网（www.cmpedu.com），注册、免费下载。本书咨询电话：010-88379564。

图书在版编目（CIP）数据

基于 MES 的智能制造单元生产与管控/马雪峰，史东丽，王翠凤主编 . —北京：机械工业出版社，2022.6（2024.7 重印）

智能制造领域高素质技术技能人才培养系列教材

ISBN 978-7-111-70816-2

Ⅰ.①基… Ⅱ.①马… ②史… ③王… Ⅲ.①智能制造系统-高等职业教育-教材 Ⅳ.①TH166

中国版本图书馆 CIP 数据核字（2022）第 085136 号

机械工业出版社（北京市百万庄大街 22 号　邮政编码 100037）
策划编辑：冯睿娟　　　　　责任编辑：冯睿娟
责任校对：陈　越　王　延　封面设计：鞠　杨
责任印制：郜　敏
中煤（北京）印务有限公司印刷
2024 年 7 月第 1 版第 3 次印刷
184mm×260mm · 11.5 印张 · 306 千字
标准书号：ISBN 978-7-111-70816-2
定价：45.00 元

电话服务　　　　　　　　网络服务
客服电话：010-88361066　　机 工 官 网：www.cmpbook.com
　　　　　010-88379833　　机 工 官 博：weibo.com/cmp1952
　　　　　010-68326294　　金 书 网：www.golden-book.com
封底无防伪标均为盗版　　机工教育服务网：www.cmpedu.com

前 言
FOREWORD

  智能制造是信息化与工业化深度融合的产物，在自动生产线上大批量使用机器人，以达到提质、降本、增效、节能、绿色的目标。在产品全生产周期中，通过"人、机、物"互联和信息共享，构建数字孪生，以智能工厂为载体，推动制造业向智能、创新、协调、绿色、开放、共享发展。

  本书以培养"懂生产线节拍、会工业机器人编程、能完成生产线通信操作、精 MES 应用"复合型人才为目标，将企业项目应用到教学案例中。针对典型工作任务的三维设计、MES 下单、首件试切、自动生产、产品检测等全过程设计项目，项目相对独立，工作任务由浅入深，可以根据教学的需求增减，为后续的教学提供便利条件。

  本书把"立德树人"放在教学目标的首要位置，结合工业 4.0 的大背景，为满足智能制造应用技术领域在切削加工等方面的新技术、新工艺、新规范和企业生产实际新要求，本书以典型零件切削加工为项目，根据零件的工艺要求，利用 SMES 软件设计智能生产线切削设备单元，搭建切削设备、工业机器人和立体仓库等智能生产线的加工仿真场景，实施零件的自动编程，完成首件试切，满足要求后利用 MES 完成工单下达、排程、生产数据管理、报表管理、立体仓库管理和监控、在线检测数据实时显示和刀具补偿修正等，利用智能看板实时监控设备、立体仓库信息以及机床刀具状态等。

  本书依托上海英应机器人科技有限公司的 SMES 软件设计智能生产线，搭建切削设备、工业机器人和立体仓库等智能生产线的加工仿真场景，完成智能制造单元生产与管控岗位的工作全流程。由于各地区、各学校的智能制造生产线中，数控机床及系统、工业机器人品牌等硬件设备和MES 软件的不同，编程方式和操作方法各有差异，读者可以根据本书介绍的生产工艺和 MES 工作过程，结合现有自动生产线、工业机器人、数控机床以及 MES 等设备资源，整理并替换本书中相对应设备的编程指令和操作方法等，根据本书提供的生产线设计思路和工艺路线，完成基于实际设备的学习训练，真正让教材"活"起来。

  本书由常州机电职业技术学院马雪峰、史东丽，福建信息职业技术学院王翠凤任主编；由常州机电职业技术学院许爱华、河南工业职业技术学院任燕、江苏财经职业技术学院符学龙，无锡科技职业学院王华东任副主编；常州机电职业技术学院高建国、庞雨花，福建信息职业技术学院梅明亮、张伯楠，上海英应机器人科技有限公司方书平、耿云龙，中车戚墅堰机车有限公司张志成，江阴职业技术学院陶晓参与了本书的编写工作。全书由马雪峰负责统稿，史东丽制作配套课件。本书由齐齐哈尔二机床（集团）有限责任公司丁岩、常州机电职业技术学院刘江担任主审，他们审阅了全书并提出了许多宝贵意见和建议，在此深表谢意！

  在编写过程中，感谢机械工业发展中心陈晓明主任指导。上海英应机器人科技有限公司、常州创胜特尔数控机床设备有限公司、齐齐哈尔二机床（集团）有限责任公司和常州机电职业技术学院的各级领导对本书的编写工作给予了大力支持与帮助，在此一并表示感谢！

  由于编者水平有限，书中难免出现不足之处，恳请读者批评指正。

编 者

目录
CONTENTS

项目 ①

台阶轴的智能制造单元生产与管控

一、项目描述

现需生产如图 1-0-1 所示的台阶轴零件 100 件,提供的台阶轴坯料图如图 E-1 所示。根据材料完成如图 1-0-1 所示台阶轴的智能生产与管控。

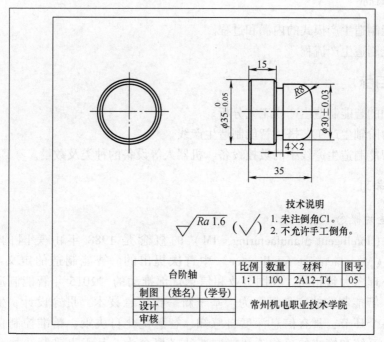

技术说明
1. 未注倒角C1。
2. 不允许手工倒角。

台阶轴		比例	数量	材料	图号
		1:1	100	2A12–T4	05
制图	(姓名) (学号)	常州机电职业技术学院			
设计					
审核					

图 1-0-1 台阶轴零件图

二、素养目标

1. 培养学生遵守职业行为规范的习惯,使学生深刻理解职业岗位要求,树立安全意识。
2. 培养学生精益求精的工作态度,以及学生自主学习、团队协作精神。

三、学习目标

1. 理解智能制造生产模式的内涵和过程。
2. 掌握数控机床、工业机器人、料仓和中控单元等的准备工作内容与步骤。
3. 掌握自动编程与工业机器人的基础知识。
4. 掌握 MES 下单完成台阶轴的智能切削加工原理与过程。

四、能力目标

1. 会台阶轴的生产工艺分析，并能搭建智能制造生产线。
2. 能根据台阶轴生产工艺完成生产加工前的准备工作。
3. 会用三维软件自动完成台阶轴的自动编程，能完成首件试切削，并对相应工艺进行调整。
4. 会用 MES 完成零件的下单任务，并通过控制软件完成零件的质量检测。

任务 1.1 搭建台阶轴的智能制造生产线

一、任务描述

完成台阶轴的智能制造生产线的搭建。

二、学习目标

1. 理解智能制造生产模式的内涵和过程。
2. 掌握智能制造生产流程。

三、能力目标

1. 会台阶轴的智能制造生产线工艺分析。
2. 会根据台阶轴生产工艺搭建智能制造生产线。
3. 会选择智能制造生产线中的数控设备、机器人等设备的种类及数量。

四、知识学习

1. 智能制造的概念

智能制造（Intelligent Manufacturing，IM）的概念是 1988 年由美国的 P. K. Wright 和 D. A. Bourne 在《Manufacturing Intelligence》中首次提出的。智能制造的定义有不同的表述，但其内涵和核心理念大致相同。我国工业和信息化部推动的"2015 年智能制造试点示范专项行动"中指出，智能制造的广义概念为：基于新一代信息技术，贯穿设计、生产、管理与服务等制造活动各个环节，具有信息深度自感知、智慧优化自决策、精准控制自执行等功能的先进制造过程、系统和模式的总称。智能制造狭义概念为：基于先进制造技术与新一代信息通信技术深度融合，实现机械相关产品的设计、生产、管理、服务等信息化制造活动全过程的新型生产方式。

智能制造具有以智能工厂为载体、以关键制造环节智能化为核心、以端到端数据流为基础、以网络互联为支撑等特征，可有效满足产品的动态需求，缩短产品研制周期，降低运营成本，提高生产效率，提升产品质量，降低资源和能源消耗。智能制造是一种集自动化、智能化和信息化于一体的制造模式，是信息技术（特别是互联网技术）与制造业的深度融合、创新集成，目前主要集中在智能设计（智能制造系统）、智能生产（智能制造技术）、智能管理、智能制造服务这四个关键环节，同时还包括一些衍生出来的智能制造产品。

2. 零件的生产工艺

（1）相关过程的定义（见表 1-1-1）

表1-1-1　相关过程的定义

名　称	定　义
生产过程	指将原材料转变为成品的各有关的劳动过程的总和。它包括工艺过程和辅助过程
工艺过程	指与原材料变成成品直接有关的过程
机械加工工艺过程	指采用机械加工的方法，直接改变毛坯尺寸、形状、位置、表面质量或材质使之变成成品的过程
辅助过程	指其他与原材料变成成品间接有关的过程

（2）机械加工工艺过程　机械加工工艺过程的定义见表1-1-2。

表1-1-2　机械加工工艺过程的定义

名称	定　义
工序	指一个（或一组）工人，在一台机床（或一固定工件地点）对一个（或同时对几个）工件所连续完成的工艺过程
安装	工件经过一次装夹后所完成的工序
工位	工件在一次安装下相对于机床或刀具每占据一个加工位置所完成的工艺过程
工步	指加工表面、切削工具和切削用量中的转速与进给量均保持不变时所完成的工序
进给	在1个工步内，若被加工表面要切除的金属层很厚，需要分几次切削，则每进行一次切削就是一次进给

（3）切削用量　切削用量是度量主运动和进给运动大小的参数，切削用量三要素是指切削速度、背吃刀量和进给量，如图1-1-1所示。

1）切削速度 v_c。切削速度是指切削刃上的选定点相对于工件主运动的瞬时速度，是衡量主运动大小的参数，单位为 m/min。车削加工时，切削速度的计算公式为

$$v_c = \pi dn / 1000$$

式中，d 是零件的直径（mm）；n 是工件转速（r/min）。

2）背吃刀量 a_P。背吃刀量是已加工表面和待加工表面之间的垂直距离，单位为 mm。切断、切槽时背吃刀量等于车刀主切削刃的宽度。

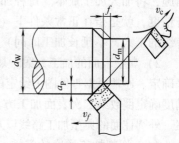

图1-1-1　切削用量三要素

3）进给量 f。进给量是工件或刀具每转一圈，工件与刀具在进给方向上的相对位移，单位为 mm/r（车削、镗削时）或 mm/行程（刨削、磨削时）。也可以用进给速度 v_f（单位是 mm/min）计算进给量，进给速度的计算公式为

$$v_f = f \times n$$

式中，n 是主轴转速（r/min）；f 是进给量（mm/r）。

（4）工艺附图的绘制　"工艺附图"主要有机械加工工序简图和装配工序简图两类。机械加工工序简图绘制表达方式如下：

1）可采用零件图的表达方法表达工件某工序的形体特征，可画某向视图、断面图、局部视图。加工部位用粗实线表示，非加工部位用细实线表示。

2）标注加工表面相关尺寸、公差、粗糙度等技术要求。

3）标注工艺符号。在相应的定位点与夹紧作用点标注定位符号与夹紧符号，具体工艺符号见表1-1-3。

表 1-1-3　标注在视图轮廓线上的工艺符号

方　式		独　立	联　动
定位点	固定式		
	活动式		
	辅助定位点		
夹紧作用点	机械夹紧		
	液压夹紧	Y	Y
	气动夹紧	Q	Q
	电磁夹紧	D	D

（5）外圆表面加工方案的选择

1）加工经济精度和经济表面粗糙度。在机械加工中，每种加工方法能够保证相当大的加工精度和表面粗糙度范围，但如果要求得到超高的精度和表面粗糙度，则需要采取一些特殊的工艺措施，将加大加工成本。每种加工方法都有经济精度和经济表面粗糙度的加工范围，所谓加工经济精度，就是指在正常条件下（即采用符合质量标准的设备、工艺设备、工艺装备和标准技术等级的工人，不延长加工时间）所能保证的加工精度，相应的表面粗糙度称为经济表面粗糙度。

2）典型表面的加工方案。某一表面的加工方法主要由该表面所要求的加工精度和表面粗糙度来确定。通常根据零件图上给定的要求按加工经济精度确定最终工序的加工方法，然后按加工经济精度确定倒数第二次表面加工方法，一直反推至第一次表面加工方法，从而获得该表面的加工方案。外圆柱面的典型加工路线以及相应的加工经济精度和经济表面粗糙度，可查阅相关表格。

（6）切削加工顺序的安排　切削加工顺序的安排原则见表 1-1-4。

表 1-1-4　切削加工顺序的安排原则

原则	解　释
基面先行	用作精基准的表面要首先加工出来，然后再以精基准表面定位加工其他表面，例如，轴类零件顶尖孔的加工
先粗后精	先安排粗加工，中间安排半精加工，最后安排精加工和光整加工
先主后次	先安排零件的装配基准面和工作表面等主要表面的加工，后安排如键槽、紧固用的光孔和螺纹孔等次要表面的加工
先面后孔	对于箱体、支架、连杆、底座等零件，先加工用作定位的平面和孔的端面，然后再加工孔。这样可使工件定位夹紧稳定可靠，利于保证孔与平面的位置精度，减小刀具的磨损，同时方便孔加工

3. 制造执行系统——SMES 软件

SMES 软件围绕智能制造的核心思想，在智能制造的基础上引入指导教育教学的思想，把项目分成若干个层面，每一个层面都能由相关专业的人员来主导完成，使产品的模块划分更加明确。产品包含项目管理、基础信息管理、设备管理、仓库配置管理、工艺配置管理、订单管理、生产排程管理、生产运行监控、设备参数监控、数据分析、系统管理等几大模块。主要模块的具体内容如下：

（1）项目管理　项目管理功能支持多个项目资源共享，灵活的数据导入、导出，方便移植，可以快速搭建场景并应用。3D 模拟产线搭建，即系统提供 3D 图形库，允许用户自由摆放设备、搭配设备、组装一条完整产线，并定义相关产品，保存产线场景，并可编辑现有产线场景。能实现虚拟仿真和同步在线运行，实现了数字孪生功能。

（2）基础信息管理　基础信息管理为该产线定义生产资料，包含物料定义、产品定义、产品 BOM 定义、托盘夹爪定义、供应商和客户定义等功能，后续模块可调用定义的基础数据。

（3）设备管理　提供设备程序的定义和设备加工所需成本的管理，使得同一类型设备能处理多种产品的加工，且支持扩展。

（4）仓库配置管理　仓库配置管理提供用户设置现有生产资料、提供库位的维护功能，用户可用库位放置产品或者物料，也能放置空托盘和中间产品。

（5）工艺配置管理　工艺配置管理提供用户自定义的工艺流程，可自定义工艺、工序以及工步，可自定义每一道工序由某类型的设备来执行，可指定执行某个工序需要完成的工作内容。

（6）订单管理　订单管理提供订单下发功能，系统根据订单的内容自动拆解生产的产品和所需的物料，便于为排程做准备。

（7）生产运行监控　生产运行监控提供生产的过程监控可视化界面，包括甘特图、设备运行的状态、重要的数据参数和仓库实时更新的数据。

（8）系统管理　系统采用 .net 平台的开发环境，综合使用如消息队列，实时数据 WebSocket 推送，基于 Windows Service 的计算引擎，多任务、多线程运算模式，基于 TCP/IP 协议下的同步数据通信，开放式 OPC UA 协议自动化数据采集和设备控制交互，基于 Unity3D 的 3D 引擎的场景搭建及模拟仿真。

五、技能训练

SMES 软件是集三维布局搭建、多种高级排程和生产管理为一体的具有数字双胞胎功能的制造执行系统，可以进行智能产线、生产单元的仿真搭建，完美融合智能制造和教育教学。它把制造自动化的概念更新并扩展成为柔性化、智能化和高度集成化的知识和智力的集合。

（1）SMES 软件布局规划功能　SMES 软件布局规划功能也称三维仿真搭建功能。

1）项目创建。打开 SMES 软件进入工程管理器界面，单击状态栏中的"项目"→"新建项目"，根据提示输入项目名称和项目描述，项目创建完毕。

2）三维仿真界面。项目创建成功后，右击项目，如图 1-1-2 所示，在弹出的对话框中，选择"布局规划"，进入到三维搭建界面如图 1-1-3 所示。

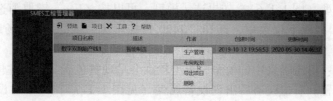

图 1-1-2　创建新项目

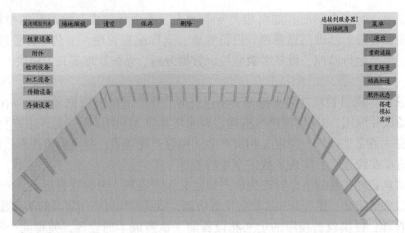

图 1-1-3　布局规划

软件视角切换：长按鼠标中键可以移动视角位置，滑动鼠标中键可以调整视角距离，长按鼠标右键可改变视角观察角度。

3）设置软件状态。选择界面右边"软件状态"按钮，勾选"搭建"，将软件设置为搭建状态，如图 1-1-4 所示。

4）模型列表。在界面左上角单击"展开模型列表"，会展开模型列表和多个功能按钮，如图 1-1-5 所示。

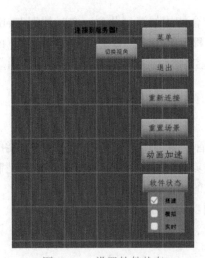

图 1-1-4　设置软件状态

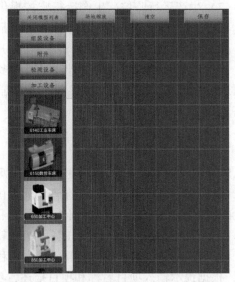

图 1-1-5　模型列表

5）选择设备进行搭建。单击选中模型列表中的模型图片后，再单击 3D 场景的地板，会在单击位置生成对应模型（图 1-1-6）。如果选错模型，可以按 <Esc> 键取消选中。例如，单击界面左边"加工设备"出现下拉菜单，选择"T420 数控车床"，然后单击场地中要放置的位置，如图 1-1-6 所示。

设备移动和命名：单击场景中的模型，模型轮廓会呈现黄色光晕，按住鼠标左键，通过移动鼠标来移动此模型位置。右击设备后出现设备属性（见图 1-1-7），可以对设备进行编码和角度调整。

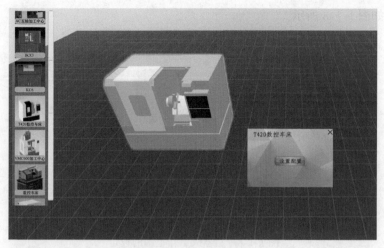

图1-1-6 搭建设备

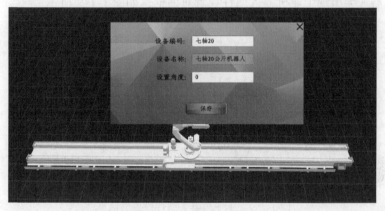

图1-1-7 设备移动和命名

设备命名规则详见表1-1-5，后三位为编码。

表1-1-5 设备命名规则

设备名称	代 码	编 码
仓库	S	001~999
传送带、AGV	T	001~999
检测设备	C	001~999
AGV接驳站	V	001~999
缓存区和缓存平台	B	001~999
机器人	R	001~999
零件盘	P	001~999
装配设备	A	001~999
加工设备	M	001~999
射频识别（RFID）	RF	001~999

6）工业机器人与工作范围的设定。设备库中选择工业机器人搭建，工业机器人有工作范围，与工业机器人配合工作的设备需要在工业机器人范围内。单击工业机器人，工业机器人出现一个白色的方框，该方框为工业机器人的工作范围，与工业机器人进行动作交互的设备应处于方

框覆盖范围内，如图1-1-8所示。

图1-1-8　机器人工作范围的设定

右击工业机器人会出现工业机器人属性设置对话框，如图1-1-9所示。

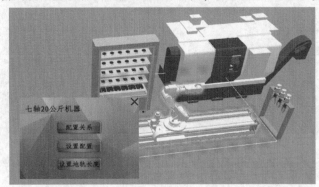

图1-1-9　工业机器人属性设置对话框

7）选择配置关系选项。选择与工业机器人交互的设备进行动作关联，如图1-1-10所示。如果搭建的设备需要同工业机器人进行工作交互，但没有出现在对话框里面，说明该设备不在工业机器人能覆盖的工作区域内，需要移动该设备使其进入工业机器人工作区域显示框内。

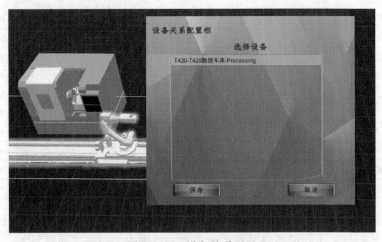

图1-1-10　设备关系配置

8）搭建产线。从库里依次选择要搭建的设备，调整好位置后，对其进行设备关系配置，使所有设备相互连接，完成产线搭建工作。产线搭建完成后可单击"保存"按钮，对产线进行保存，完成的产线搭建如图1-1-11所示。

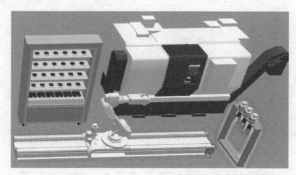

图1-1-11　完成的产线搭建

（2）台阶轴制造单元的现场搭建　使用SMES软件的项目管理功能，进行台阶轴制造单元的三维仿真搭建。

1）新建台阶轴制造单元项目。打开SMES软件，进入工程管理界面，建立新项目"台阶轴制造单元"，输入项目名称和项目描述。项目创建成功后，单击新项目，然后右击进入布局规划界面，如图1-1-12所示。

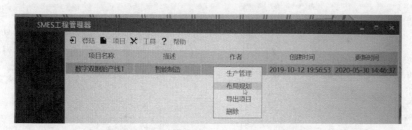

图1-1-12　新建台阶轴制造单元项目

2）搭建数控设备。单击界面左边"加工设备"出现下拉菜单，选择"T420数控车床"，然后单击场地中要放置的位置，如图1-1-13所示。

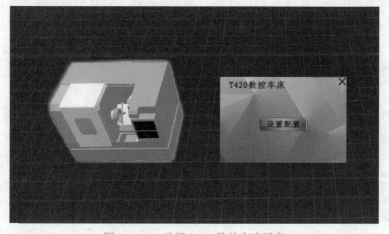

图1-1-13　选择T420数控车床设备

3）数控设备属性设置。将数控设备移动到场景中间位置，右击设备出现设备属性对话框，对该设备进行编码和角度调整。输入设备编码"M001"，设置角度"180"，如图1-1-14所示。

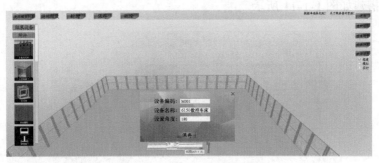

图1-1-14　设备移动和命名

4）搭建工业机器人。在模型列表中选择工业机器人，将工业机器人移动到场景中。左键单击工业机器人，工业机器人出现一个白色的方框，如图1-1-15所示，该方框为机器人的工作范围，移动工业机器人，将数控机床处于工业机器人工作范围内。

5）搭建本地立体仓库和工业机器人夹爪库。在模型列表中选择立体仓库和工业机器人夹爪库，移动到场景中合适位置。

6）设备关系连接。右击机器人会出现如图1-1-16所示对话框。

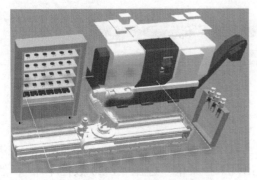

图1-1-15　工业机器人工作范围

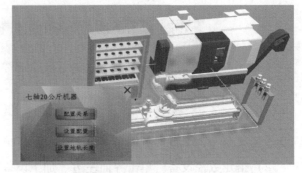

图1-1-16　工业机器人属性设置对话框

7）选择配置关系选项。在如图1-1-17所示的对话框中，选择数控车床、立体仓库进行动作关联。单击"保存"按钮，对场景进行保存。完成台阶轴制造单元的仿真搭建，如图1-1-18所示。

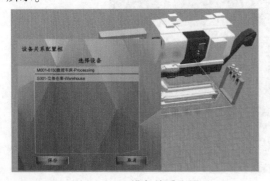

图1-1-17　设备关系配置

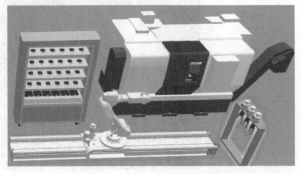

图1-1-18　完成的台阶轴的制造单元

注意：①设备之间的连接主要以工业机器人的工作范围来判定关联；②如果搭建的设备需要同工业机器人进行工作交互，但没有出现在对话框里，说明该设备不在机器人能覆盖的工作区域内，需要移动该设备进入工业机器人工作区域显示框内。

六、任务实施

1. 台阶轴零件工艺设计

（1）零件图分析　零件图分析的具体内容见表1-1-6。

表1-1-6　零件图分析的具体内容

步骤	名称	具体内容
1	表达完整性分析	零件图视图表达清楚，尺寸标注齐全，技术要求明确
2	零件结构分析	该零件为典型轴类零件，包括外圆柱表面、退刀槽等结构，由于批量生产，采用数控车床加工效率高
3	技术要求分析	材料为2A12-T4，不需热处理（表示此零件切削性能良好，一般机械加工就能完成）；零件表面粗糙度为$Ra1.6\mu m$，零件加工要求中等，一般数控加工就能完成
4	结论	该零件加工要求一般，材料切削性能良好，零件采用车削加工就可以完成全部机械加工内容

（2）选择毛坯　选择毛坯的具体内容见表1-1-7。

表1-1-7　选择毛坯的具体内容

步骤	名称	具体内容
1	毛坯种类	由于零件为轴类零件，外径最大尺寸为$\phi35mm$，外径尺寸变化不是很大；零件批量为100件，为小批量生产模式；零件材料为2A12-T4
2	毛坯直径	零件毛坯为半成品，而且零件的左端不需要加工。因此选择毛坯直径规格为$\phi35mm$
3	毛坯长度	提供的毛坯为每毛坯件数为1，工件右端面留2mm余量，则零件总长为37mm
4	结论	选择2A12-T4铝棒，毛坯外形尺寸为$\phi35mm \times 37mm$

（3）各加工表面加工方案选择　各加工表面加工方案选择见表1-1-8。

表1-1-8　各加工表面加工方案选择

序号	加工表面	粗糙度要求	经济精度等级	加工方案
1	右端面	$Ra1.6$	IT12	粗车-半精车加工
2	右外轮廓	$Ra1.6$	IT12	粗车-半精车加工
3	退刀槽	$Ra12.5$	IT12	粗车加工

（4）加工顺序确定　由于端面是外圆的基准，而外圆是槽的基准，根据基面先行的原则，先加工端面，接着加工外轮廓。

数控加工工序一般采用工序集中方式，即一次安装尽可能多的加工内容，所以台阶轴零件一次安装后需连续完成端面、外轮廓等加工表面的加工。

综上所述，台阶轴加工的顺序为：粗车右端面→精车右端面→粗车右外轮廓→精车右外轮廓→车槽。

（5）工序确定　因为采用数控车床进行加工，所以采用工序集中的原则；批量生产，按装夹划分工序，一次装夹，故为1个工序，即右端车削。

（6）选择刀具

1）右端面、右外轮廓。为减小刀具数量，车端面与粗车外轮廓采用同一把车刀。由于轴套为外表面台阶轴，选择车刀主偏角≥90°，副偏角选择10°左右。因此刀尖角选择80°，车刀主偏角选择95°，刀片形状代号为W，刀具形式与主偏角代号为L。

由于复合夹紧式刀片定位精度高、压紧可靠，在一般情况下都选用此类夹紧方式。精度与表面粗糙度要求中等，选用涂层刀片，刀片精度等级选择M；工件为塑性材料，数控加工过程需控制切屑，因此刀面应有断屑槽；为了提高刀片利用率，所以选用双面有断屑槽；刀片后角为0°。

外轮廓刀尖圆弧半径粗车选择$R0.8mm$，精车选择$R0.4mm$；刀具长度为0.8mm，厚度为0.4mm；外轮廓断屑槽粗车选择DM，精车选择DF。

由于选择的机床为平床身斜导轨数控车床，轮廓是从右向左加工，所以切削方向为向左；根据机床选择刀尖高度与刀体宽度均为25mm；由于零件为轴类零件，各表面尺寸梯度不大，所以车刀切削外轮廓过程中基本不会与工件发生碰撞，因此根据刀尖高度的6倍，选择刀具长度为150mm。

根据上述分析，车削外轮廓时，可转位外圆车刀选择MWLNR2525M16；粗车外轮廓选择可转位刀片WNMG080408-DM，刀片牌号为YBC252；精车外轮廓选择可转位刀片WNMG080404-DF，刀片牌号为YBC152。

2）退刀槽。退刀槽为矩形槽，加工方法为粗车。因此选择切槽刀刀宽与槽宽相同，刀宽为4mm。

根据所选机床刀架，选切槽刀杆截面尺寸为25mm×25mm，外切槽刀；由于切槽深度较浅，所以选择最小切深的切槽就行。

综上所述，查《株洲钻石样本手册》选择可转位切槽刀QEHD2525R13，刀片为ZTHD0404-MG，刀片牌号为YGB302。

（7）填写机械加工工艺过程卡片　根据上述分析完成机械加工工艺过程卡片与数控车削刀具卡片的填写。台阶轴的机械加工工艺过程卡片、数控加工刀具卡片及数控加工工序卡片详见附录A。

2.　智能制造生产线设备的选择

根据台阶轴零件的加工要求，台阶轴是轴类零件，需在卧式数控车床上完成加工，上下料由工业机器人完成，零件放置在料仓中，整个生产线的控制采用主控单元和制造企业生产过程执行系统（Manufacturing Execution System，MES）完成。台阶轴零件的加工方式为批量生产，结合生产工艺搭建台阶轴零件智能制造生产线，需一台卧式数控车床、一台七轴工业机器人、一个立体仓库和一台装载主控单元的计算机。台阶轴生产线的搭建如图1-1-19所示。台阶轴智能制造单元设备清单见表1-1-9。

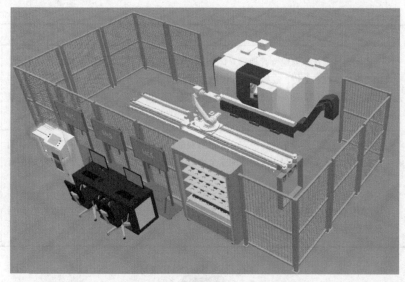

图 1-1-19　台阶轴生产线的搭建

表 1-1-9　台阶轴智能制造单元设备清单

序号	设备名称	主要技术参数	数量
1	数控车床	采用数控系统 FANUC 0i、正面气动门，配有以太网接口、自动夹具和自动门，可以远程起动；机床装有内置摄像头、气动清洁喷嘴；主轴转速为 3000 ~ 5000r/min；最大回转直径为 360 ~ 460mm；进给轴快移速度为 12 ~ 24m/min	1 台
2	六自由度工业机器人系统	国产某型号的 6 自由度工业机器人系统由工业机器人以及夹具和导轨组成；工业机器人负载为 10 ~ 20kg、臂展为 1700mm 左右；支持以太网接口，控制系统具有 16 个 I/O 点；工业机器人导轨配备第七轴的地轨，具有伺服动力源、齿轮-齿条传动、重载型导轨副、坦克链和防护罩等部分；总长度 ≤5m，最快行走速度 >1.5m/min，工业机器人滑板承重 >500kg，重复定位精度高于 ±0.2mm，导轨有效行程约为 3800mm。配有 4 套快换夹转换手爪，如图 1-1-20 ~ 图 1-1-22 所示。工业机器人快换装置有握紧、松开、有无料检测功能，具备良好的气密性；工业机器人快换手爪放置台置于工业机器人第七轴侧面端，如图 1-1-23 所示。快换夹具工作台安装在靠近料仓侧并与行走轴本体端固定，如图 1-1-24 所示	1 套
3	立体仓库	工位设置 30 个，每层 6 个仓位，共 5 层，每个仓位或标准托盘配置 RFID 标签，其中 RFID 读写头安装在工业机器人夹具上；带有安全防护外罩及安全门，安全门设置工业标准的安全电磁锁；面板配备急停开关、解锁许可、门锁解除、运行等按钮；立体仓库如图 1-1-25 所示，底层放置方料，中间两层放置 φ68mm 圆料，上面两层放置 φ35mm 圆料	1 个
4	可视化系统及显示终端	总显示终端采用 1 台 55in（1in = 0.0254m）显示器；库位终端、加工过程显示终端采用 2 台 40in 显示器。可实时呈现数控机床的运行状态，工件加工情况（加工前、加工中、加工后），工件加工效果（合格、不合格），加工日志，数据统计等	2 台
5	中央控制系统	中央控制系统包含 PLC 电气控制系统及 I/O 通信系统，主要负责周边设备及工业机器人控制，实现智能制造单元的流程和逻辑总控。主控 PLC 采用 SIMATIC S7-1200 的 CPU 1215C DC/DC/DC，配有 Modbus TCP/IP 通信模块，并配置 16 路 I/O 模块，16 口工业交换机，外部配线接口必须采用航空插头，方便设备拆装移动	1 套

（续）

序号	设备名称	主要技术参数	数量
6	MES 管控软件	能实现加工任务创建、管理，立体仓库管理和监控，机床起停、初始化和管理，加工程序管理和上传，在线检测、实时显示和刀具补偿修正；智能看板功能可以实时监控设备、立体仓库信息以及机床刀具状态等；可完成工单下达、排程、生产数据管理、报表管理等工作任务	1 套
7	安全防护系统	设置安全围栏及带工业标准安全插销的安全门，用来防止出现工业机器人在自动过程中由于人员意外闯入而造成的安全事故。安全门打开时，除数控车床外的所有设备处于下电状态	1 套
8	CAD/CAM 软件	CAD/CAM 软件根据工件的 CAD 模型进行加工轨迹规划，生成零件加工 G 代码后处理程序，并上传给机床	1 套

图 1-1-20　机器人快换手爪机器人侧示意图

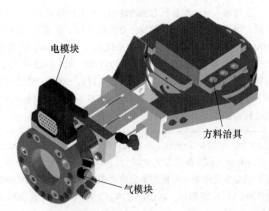

图 1-1-21　方料机器人快换手爪工具侧示意图

图 1-1-22　棒料机器人快换手爪工具侧示意图

图 1-1-23　机器人快换手爪放置台位置示意图

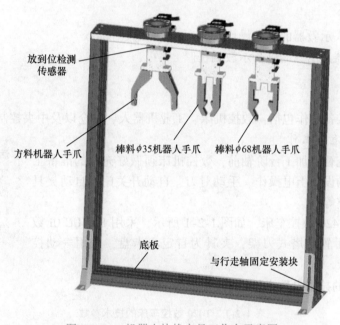

图 1-1-24　机器人快换夹具工作台示意图

图 1-1-25　立体仓库示意图

台阶轴加工前的准备

一、任务描述

完成台阶轴切削加工前准备工作。

二、学习目标

1. 掌握工业机器人编程基础知识。
2. 掌握工业机器人编程的相关基本指令。
3. 熟练掌握料库备料和中央控制单元的准备工作。

三、能力目标

1. 会工业机器人示教器的基本操作。
2. 会用工业机器人示教器进行示教编程。

四、知识学习

台阶轴加工前准备工作包括：数控机床、工业机器人、料仓以及中央控制单元的准备工作。

1. 数控机床的准备工作

在智能制造系统智能加工台阶轴前，数控机床须做好充分的准备工作，包括数控车床的设备上电操作、手动对刀、自动开关门、自动夹具测试和摄像头的调整等。

现场选用的是T420数控车床，如图1-2-1所示，采用FANUC 0i数控系统。配置的是后置转塔式刀架，夹具为自定心卡盘，采用气动控制，如图1-2-2所示。

> **活页内容提醒：** 读者可对应替换本教材中的数控车床，如把T420数控车床替换成CKA6140数控车床。

T420数控车床的技术参数详见表1-2-1。

表1-2-1 T420数控车床的技术参数

序号	技术参数	参数值
1	床身上最大回转直径/mm	$\phi450$
2	拖板上最大回转直径/mm	$\phi130$
3	最大加工工件直径/mm	$\phi420$
4	最大切削长度/mm	220
5	主轴卡盘直径/mm	$\phi250$
6	主轴转速/(r/min)	100~3000
7	主轴通孔直径/mm	$\phi61$
8	X轴行程/mm	≥370
9	Z轴行程/mm	≥400
10	最大移动速度/(m/min)	10
11	定位精度/mm	±0.008
12	重复定位精度/mm	±0.004
13	设备尺寸/mm（长×宽×高）	2400×1700×1800

图 1-2-1　T420 数控车床

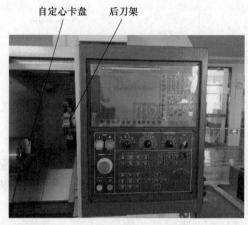

图 1-2-2　后刀架、自定心卡盘

（1）数控机床的坐标系

1）坐标系建立的基本原则。

① 采用右手笛卡儿直角坐标系来对数控机床的坐标轴命名，如图 1-2-3 所示。图中 A 轴是绕 X 轴的旋转轴，B 轴是绕 Y 轴的旋转轴，C 轴是绕 Z 轴的旋转轴。

② 永远假定工件静止，刀具相对工件移动或转动。

③ 采用使刀具与工件之间距离增大的方向为该坐标轴的正方向，反之为负方向。

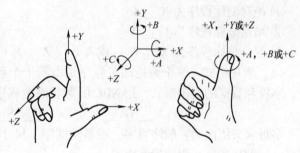

图 1-2-3　右手笛卡儿直角坐标系

2）数控机床坐标系的建立。确定机床坐标轴时，一般先确定 Z 轴，再确定 X 轴，最后根据右手笛卡儿直角坐标系来确定 Y 轴。对于数控车床，Z 轴即机床主轴方向，刀具离开工件方向为 $+Z$。X 轴即轴的径向，并与导轨平行，刀具离开工件方向为 $+X$，如图 1-2-4 所示。

（2）机床坐标系和工件坐标系

1）机床坐标系是机床厂家设定的固有坐标系，即机床原点。机床起动时，通常要进行机动或手动回参考点动作，以建立机床坐标系，如图 1-2-5 所示。

2）机床参考点是机床上一个固定不变的极限点，是机床出厂时就设定好的。

3）机床原点、机床参考点构成数控机床机械行程及有效行程。

4）工件坐标系（编程坐标系）是编程人员用来定义工件形状和刀具相对工件运动的坐标系，如图 1-2-6 所示。工件原点或编程原点为 O_3。一般通过对刀获得工件坐标系，工件坐标系一旦建立便一直有效，直到被新的工件坐标系所取代。编程原点选择应尽量满足编程简单、尺寸换算少、引起的加工误差小等条件。

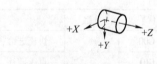

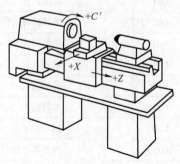

图 1-2-4　数控车床坐标系

17

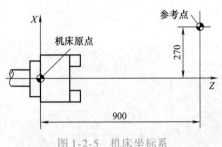

图 1-2-5　机床坐标系

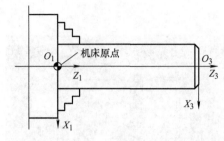

图 1-2-6　工件坐标系

对数控车床而言，工件坐标系原点一般选在工件轴线与工件的前端面、后端面、卡爪前端面的交点上，各轴的方向应该与所使用的数控机床相应的坐标轴方向一致。

（3）绝对坐标系与相对坐标系

1）相对坐标系（增量坐标系）是指运动轨迹的终点坐标是相对起点计量的坐标系。

2）绝对坐标系是指所有坐标点的坐标值均从某一固定坐标原点计量的坐标系。

① 绝对坐标程序为 X __ Z __。

② 增量坐标程序为 U __ W __。

③ 混合坐标程序为 X __ W __ 或者 U __ Z __。

（4）程序格式　一个数控加工程序是由若干个程序段组成的。程序段格式是指程序段中的字、字符和数据的安排形式。FANUC 0i 数控系统程序段格式举例：

$$N \_\_ \ G \_\_ \ X \_\_ Z \_\_ F \_\_ S \_\_ T \_\_ M \_\_ D \_\_ ;$$

字母含义依次为：顺序号字、准备功能字、尺寸字、进给功能字、主轴转速功能字、刀具功能字、辅助功能字、程序段结束符。

组成程序段的每一个字都有其特定的功能含义，以下是以 FANUC 0i 数控系统的规范为主介绍的。

1）顺序号字（N）。顺序号字又称为程序段号或程序段序号。顺序号在程序段之首，由顺序号字 N 和后续数字组成，一般可以省略。

2）准备功能字（G）。准备功能字又称为 G 功能或 G 代码，是用于建立机床或控制系统工作方式的一种指令，详见表 1-2-2。

表 1-2-2　数控系统准备功能字 G 的含义

代码	分组	意义	代码	分组	意义
G00		快速进给、定位	G34	01	螺纹切削
G01		直线插补	G40		刀具补偿取消
G02	01	圆弧插补 CW（顺时针）	G41	07	左半径补偿
G03		圆弧插补 CCW（逆时针）	G42		右半径补偿
G04	00	暂停	G53	00	机械坐标系选择
G20		英制输入	G54 ~ G59	12	工件坐标系选择
G21	06	米制输入	G70		精加工循环
G30		回归参考点	G71	00	外圆粗车循环
G31	00	由参考点回归	G72		端面粗切削循环

（续）

代码	分组	意义	代码	分组	意义
G73		封闭切削循环	G90		直线车削循环
G74	00	端面切断循环	G92	01	螺纹车削循环
G75		内径/外径切断循环	G94		端面车削循环
G76		复合型螺纹切削循环	G98	05	每分钟进给速度
—	—	—	G99		每转进给速度

G代码分为模态和非模态两大类，模态G代码已经指定，直到同组G代码出现为止一直有效。非模态G代码仅在所在的程序段中有效，故又称为一次性G代码。

3）尺寸字。尺寸字用于确定机床上刀具运动终点的坐标位置。

第一组：X、Y、Z、U、V、W、P、Q、R用于确定终点的直线坐标尺寸。

第二组：A、B、C、D、E用于确定终点的角度坐标尺寸。

第三组：I、J、K用于确定圆弧轮廓的圆心坐标尺寸。

在一些数控系统中，还可以用P指令暂停时间，用R指令设置圆弧的半径等。

4）进给功能字（F）。进给功能字又称为F功能或F指令，用于指定切削的进给速度。对于车床，F可分为每分钟进给和主轴每转进给两种。

> **活页内容提醒**：读者可对应替换本教材中的数控机床和数控系统，如把FANUC 0i数控系统中螺纹车削循环G92指令替换成SIEMENS系统中螺纹切削固定循环LCYC97指令，或替换成华中系统中螺纹切削循环G82指令等。

5）主轴转速功能字（S）。主轴转速功能字又称为S功能或S指令，用于指定主轴转速，单位为r/min。

6）刀具功能字（T）。刀具功能字又称为T功能或T指令，用于指定加工时所用刀具的编号。对于数控车床，其后的数字还兼作指定刀具长度补偿和刀尖半径补偿用。

7）辅助功能字（M）。辅助功能字又称为M功能或M指令，用于指定数控机床辅助装置的开关动作，后续数字一般为1~3位正整数，详见表1-2-3。

表1-2-3　辅助功能字M的含义

代码	功能	说明	代码	功能	说明
M00	程序停止	单程序段方式有效，非模态	M03	主轴正转	模态
M01	选择性程序停止		M04	主轴反转	
M02	程序结束		M05	主轴停止	
M06	换刀	非模态	M08	切削液开	
M17	子程序结束		M09	切削液关	
M30	程序结束复位				

（5）程序结构三要素

程序名	O0001;
程序段	T0101;
	M03 S600;
	G00 X20 Z5;

	......
	G00 X100;
	Z100;
程序段结束符	M30;

说明：在程序名 O×××× 中，×××× 是 4 位数字，为 0000 ~ 9999，其中导零可省略。如 10 号程序可以写为 O0010，其中，第 2 和第 3 位的 "0" 为导零，故可写成 010。

（6）基本编程指令

1）工件坐标系指令（G54 ~ G59）。对于卧式数控车床，工件坐标系原点通常设定在工件的右端面回转中心或夹具的合适位置上，便于测量、计算。在加工前，如果把工件坐标系的原点坐标保存到与 G54 相对应的存储器中，在编程时工件坐标系指令用 G54；如果把工件坐标系的原点坐标保存到与 G55 相对应的存储器中，在编程时工件坐标系指令用 G55。

2）英制/米制转换指令（G20/G21）。G20 表示长度单位为 in（英寸）；G21 表示长度单位为 mm。英制/米制转换指令指定编程坐标尺寸、可编程零点偏置值、进给速度的单位，补偿数据的单位由机床参数设定，要注意查看机床使用说明书。建议将 G21 设成机床初始 G 代码。

3）坐标平面选择指令（G17、G18、G19）。如图 1-2-7 所示，G17 表示选择 XY 平面；G18 表示选择 XZ 平面；G19 表示选择 YZ 平面。

FANUC 0i 数控系统中，因卧式数控车削编程中，加工平面为 XZ 平面，故把 G18 设定为卧式数控车床默认值。在立式数控铣床或立式加工中心编程中，加工平面为 XY 平面，故把 G17 设定为数控铣床或加工中心默认值。

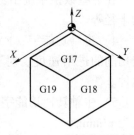

图 1-2-7　坐标平面选择

4）分进给/转进给指令（G98/G99）。G98 表示分进给，进给速度单位为 mm/min；G99 表示转进给，进给速度单位为 mm/r。车削编程中，一般设成初始 G 代码。

> **举例：** G99 F0.2；表示 0.2mm/r。
> G98 F100；表示 100mm/min。

5）主轴转速指令（G97、G96、G50）。G96 表示恒线速度控制指令，G50 表示控制最高转速指令，G97 表示取消恒线速度指令。

> **举例：** G96 S150；表示切削点线速度为 150m/min。
> G50 S2000；表示主轴最高转速为 2000r/min。
> G97 S200；表示取消恒线速度，线速度为 200r/min。

6）进给暂停指令（G04）。利用暂停指令可以推迟下个程序段的执行，推迟时间为指令的时间。用于端面等需要刀具在加工表面做短暂停留的场合。

G04 X__ 中下划线处为带小数点的数，单位为 s；G04 P__ 中下划线处为整数，单位为 ms。

> **举例：** G04 X1.0；表示暂停 1s。
> G04 P1000；表示暂停 1s。

7）快速点定位指令（G00）。可实现快速定位，采用点位控制方式，运动中无轨迹要求。刀具在移动过程中不能切削工件，因此，该指令中无需指定进给速度 F 代码且指定无效。G00 一直有效，直到被 G 功能组中其他指令（G01、G02、G03）取代为止。

G00 X(U)__ Z(W)__；（进给速度由系统内部参数决定）。其中，X、Z 值表示终点的绝对坐标值；U、W 值表示终点的相对坐标值。

8）直线插补指令（G01）。

①可产生直线和斜线。

G01 X(U)__ Z(W)__ F__；

其中，产生直线时，X、Z 值表示终点的绝对坐标值，U、W 值表示终点的相对坐标值；倒角和倒圆弧时，X、Z 值表示两相邻直线交点的绝对坐标值。

②可实现倒角、倒圆功能。G01 倒角控制功能可以在两相邻轨迹的程序段之间插入直线倒角或圆弧倒角。

G01 X(U)__ Z(W)__, C__ F__；（直线倒角）

G01 X(U)__ Z(W)__, R__ F__；（圆弧倒角）

其中，X、Z 值表示在绝对指令时两相邻直线的交点，即假想拐角交点（G 点）的坐标值，如图 1-2-8 所示；U、W 值表示在增量指令时，假想拐角交点相对于起始直线轨迹的始点 E 的移动距离；C 值表示假想拐角交点（G 点）相对于倒角始点（F 点）的距离；R 值表示倒圆弧的半值。

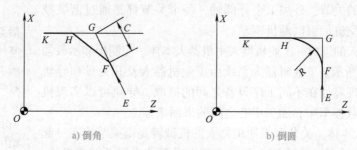

图 1-2-8 倒角和倒圆

9）圆弧插补指令（G02、G03）。可产生圆弧运动，如图 1-2-9 所示。

图 1-2-9 圆弧插补指令（G02/G03）

G02 表示顺时针圆弧插补指令；G03 表示逆时针圆弧插补指令。

G02/G03 X(U)__ Z(W)__ I__ K__ F__；

G02/G03 X(U)__ Z(W)__ R__ F__；

其中，X、Z 值表示在绝对坐标系下为圆弧终点的坐标；U、W 值表示在相对坐标系下为圆弧终点相对于起点的距离；I、K 值表示圆弧的圆心相对圆弧起点的增量坐标；R 值表示圆弧的半径值。

顺逆圆弧的判别方法：从沿垂直于要加工圆弧所在平面的坐标轴的正方向向负方向看，顺时针方向为 G02，逆时针方向为 G03。

当一单节中同时出现 I、K 和 R 时，R 优先，I、K 无效。K 值中若为 0 时，可省略不写。圆弧切削后若再行直线切削时，则必须再转换为 G01 指令，这些是很容易被疏忽的。

2. 工业机器人的准备工作

在智能制造系统中，工业机器人除包括六轴工业机器人本体、机器人控制柜及示教器外，还有第七轴工业机器人行走导轨。带地轨的工业机器人如图 1-2-10 所示。

图 1-2-10 带地轨的工业机器人

（1）工业机器人工作原理 工业机器人是广泛用于电子、物流、化工等工业领域的多关节机械手或多自由度的机器装置，具有一定的自动性，可依靠自身的动力能源和控制能力实现各种工业加工制造功能。此项目设备所采用的工业机器人是六自由度串联关节机器人，本体有 6 个自由活动的关节，外加 1 个外部轴，每个关节都是通过谐波减速器连接的，并由交流伺服电动机驱动。

（2）工业机器人的组成 工业机器人由机器人本体、控制柜和示教器组成，如图 1-2-11 所示。工业机器人系统由工业机器人及其夹具和导轨组成，夹具用于实现零件在不同工序设备之间的抓取，导轨可以实现机器人在立体仓库、数控车床和加工中心之间的来回搬运。

1）工业机器人本体。关节型工业机器人的机械臂是由关节连在一起的许多机械连杆的集合体。它本质上是一个拟人手臂的空间开链式机构，一端固定在基座上，另一端可自由运动。工业机器人本体如图 1-2-12 所示。

> 活页内容提醒：读者可对应替换本教材中的工业机器人，本教材使用埃夫特六轴工业机器人，也可使用 ABB、FANUC、安川、KUKA 等品牌的六轴工业机器人。

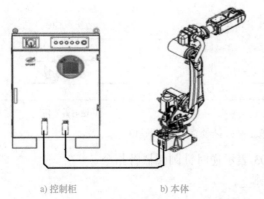

　　a）控制柜　　　　　　　　b）本体　　　　　　　　c）示教器

图 1-2-11 工业机器人的组成

2）控制柜。控制柜主要由工业机器人控制器、伺服电动机驱动器、安全电路板等一些电气元器件组成。控制柜面板如图 1-2-13 所示，具体功能介绍详见表 1-2-4。

图 1-2-12 工业机器人本体

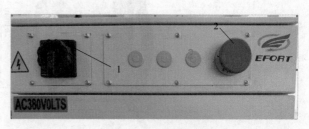

图 1-2-13 控制柜面板
1—主电源开关 2—急停按钮

表 1-2-4 控制柜面板功能介绍

序号	名称	功能介绍
1	主电源开关	工业机器人电柜与外部 380V 电压接通，接通时变压器输出得电
2	急停按钮	工业机器人在出现意外故障时需要紧急停止时，按下按钮可以使工业机器人断电而停止

电气柜是控制柜的一部分，由控制器、总线通信、扩展 I/O、数字 I/O 四个模块组成，是控制中心，其内部结构如图 1-2-14 所示，具体功能介绍详见表 1-2-5。

图 1-2-14 电气柜内部结构

表 1-2-5 电气柜内部功能介绍

序号	名称	功能介绍
1	控制器模块	是整个工业机器人的"大脑"
2	总线通信模块	连接、控制伺服驱动器
3	扩展 I/O 模块	支持扩展各种总线及 I/O
4	数字 I/O 模块	单个模块有 8 个输入口、8 个输出口，共计 32 个输入/输出口

3）示教器。工业机器人示教器可用于控制工业机器人运动，可创建、修改、删除程序以及变量，可提供系统控制和监控功能，也包括安全装置（启用装置和紧急停止按钮）。

① 示教器的组成。示教器的组成如图 1-2-15 所示。此示教器适用于左手手持。

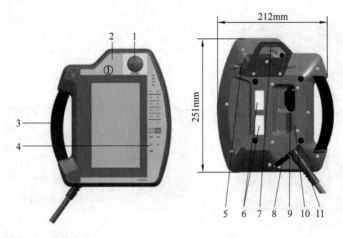

图1-2-15　示教器的组成

1—急停按钮　2—模式选择开关（手动、自动、远程）　3—手带　4—按键　5—触控笔　6—铭牌
7—安装挂架　8—USB接口　9—手压开关　10—电缆连接区域　11—线缆护套

② 示教器面板。示教器面板介绍详见表1-2-6。

表1-2-6　示教器面板介绍

标号	名称	说明	标号	名称	说明	
菜单键			Start	Start	启动程序	
RUN指示灯		通信指示灯	Stop	Stop	暂停程序	
ERR指示灯		报警指示灯	Step	Step	切换程序运行方式	CONT：连续运行
PWR指示灯		使能指示灯				STEP：单步运行
PRO指示灯		预留				MSTP：紧急停止
机器人运动按键		A1/X/TX	Jog	Jog	坐标切换	
		A2/Y/TY	F1	F1	报警复位	
		A3/Z/TZ	F2	F2	预留	
		A4/A/TA	PWR	PWR	使能伺服电动机	
		A5/B/TB	V+	V+	全局速度加	
		A6/C/TC	V−	V−	全局速度减	
			2nd	2nd	换页键	

（3）工业机器人的坐标系　工业机器人的坐标系是为确定机器人的位置和姿态而在工业机器人或空间上进行的位置指标系统。

1）工业机器人的坐标系。按照国家标准对垂直关节机器人坐标轴命名，坐标系由正交的右手定则来确定，如图1-2-3所示。

2）工业机器人的转动。将围绕平行于X、Y、Z各轴的转动定义为A、B、C，A、B、C的正方向分别以X、Y、Z轴的正方向上右手螺旋前进的方向为正方向，如图1-2-3所示。

按照工业机器人D-H法建立的各轴坐标系，轴的转动为绕轴坐标系的Z轴按照右手定则转动，工业机器人每个轴均可以独立的正向（＋）或者反向（－）移动，如图1-2-16所示。J1、J2、J3、J4、J5、J6对应关节坐标系。

（4）坐标系的分类　工业机器人系统中一共设置了三个坐标系：基座坐标系、工具坐标系和工件坐标系，三个坐标系在如图 1-2-17 所示界面进行切换，通过 Jog 键切换坐标系。除此之外，还有世界坐标系，如图 1-2-18 所示。

1）基座坐标系。基座坐标系是一个固定的直角坐标系，默认位于工业机器人底部。

2）工具坐标系。在工业机器人控制系统中，工具坐标系的设置是通过 Tool（）命令实现的。工具坐标系的意义是为工业机器人设置新的工具中心点（TCP）。工业机器人的默认 TCP 是六轴法兰盘的中心点，Tool（）命令为工业机器人设置一个新的工具坐标系，通过该指令可以修改工业机器人的末端 TCP。

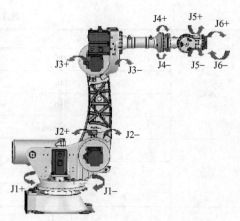

图 1-2-16　工业机器人的转动

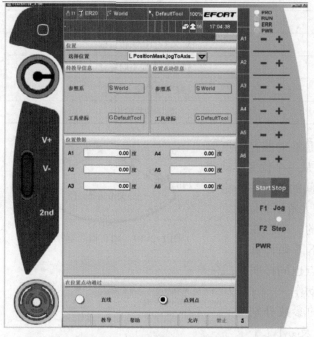

图 1-2-17　三个坐标系切换界面

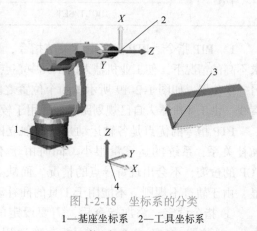

图 1-2-18　坐标系的分类

1—基座坐标系　2—工具坐标系

3—工件坐标系　4—世界坐标系

3）工件坐标系。工业机器人工件坐标系（Wobj）是由工件原点与坐标方位组成。机器人程序支持多个 Wobj，可以根据当前工作状态进行变换。外部夹具被更换，重新定义 Wobj 后，可以不更改程序，直接运行。通过重新定义 Wobj，可以简便地完成一个程序，适合多台工业机器人的情况。

4）世界坐标系。世界坐标系是以大地为参考的直角坐标系，多数情况下（除机器人倒装和机器人外带轴，如本项目的第七轴）世界坐标系与机器人基座坐标系重合。

（5）常用指令　工业机器人常用编程指令分为运动、系统、流程和 I/O 四种指令，详见表 1-2-7。

表 1-2-7　常用编程指令

类别	名　称	说　明
运动	PTP	点到点
	Lin	直线轨迹
	CIRC	圆弧轨迹
	WaitIsFinished	等待上步命令执行结束
系统	:=	变量赋值
	//	语句注解（不执行）
	WaitTime	等待时间
流程	CALL	调用
	WAIT	等待
	IF…THEN…ENDIF	条件跳转控制
	IF…THEN…ELSEIF…THEN…ENDIF	条件判断
	ELSE	去掉
	LABLE	定义 GOTO 跳转目标
	GOTO	跳转到程序不同部分
I/O	DIN. WAIT	数字信号输入等待
	DOUT. SET	数字信号输出

　　1）PTP 指令。PTP 指令也称关节指令，是在对路径精度要求不高的情况下，使工业机器人的工具中心点从一个位置移动到另一个位置，如图 1-2-19 所示，两个位置之间的路径不一定是直线，由工业机器人自己规划路径，适用于较大范围的运动。

图 1-2-19　PTP 指令运动轨迹

　　PTP 指令的优点是各轴运动是相对独立的，不存在插补关系，系统的运算量很小。同时由于不需要计算 TCP 的位姿，不会出现奇异点的情况。而缺点也同样明显，由于轨迹不规则，不能用于工具的插补动作。

　　① 指令设定。添加指令后，需要设定的参数分别是 pos（位置/位姿）、dyn（参数/速率）以及 ovl（平滑/过渡曲率），如图 1-2-20 所示。其中 pos 是必须设定的，而另外两个是可选参数，只在必要的时候设定。指令设定后，系统会自动生成点的名字"ap0"（关节位置 axisposition 的缩写）。

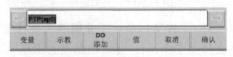

图 1-2-20　PTP 指令中 POS 设置

　　② 执行指令。设定好参数后，单击"确认"返回到程序编辑界面。

　　指令运行的逻辑意义是工业机器人以关节运动的方式从当前位姿运行到 ap0 记录的位姿。其他的指令也是相似的理解方式。

　　③ 继续添加指令。如果需要继续添加指令，需要注意光标的位置（图 1-2-21 中框线处），系统默认的指令插入方式是向光标前插入。

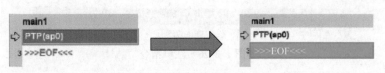

图 1-2-21 添加指令

在程序中"EOF"（End Of File）是程序的结尾，所以正常编程时将光标停留在"EOF"位置时，可以保证指令的顺序添加。

此外，在"宏"位置出现了刚才使用的 PTP 指令，如果下一个指令还是 PTP 指令，则直接单击该指令即可。

2）Lin 指令。Lin 指令也称线性指令，指工业机器人的 TCP 从起点到终点之间的路径始终保持为直线，如图 1-2-22 所示，一般应用对路径要求高时使用此指令，如焊接、涂胶等。但需要注意，空间直线距离不宜过长，否则容易到达工业机器人的轴限位或死点。如想获得精确路径，则两点距离较短为宜。

① 新建指令。操作工业机器人 TCP 运动至目标位置，选择"新建"；选择"运动"目录下"Lin"指令，单击"确定"；添加指令后，系统会自动生成点的名字"cp0"，可以选择其他点（系统中已有的点），如图 1-2-23 所示。

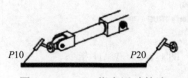

图 1-2-22 Lin 指令运动轨迹

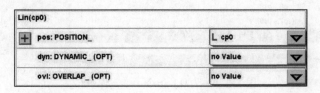

图 1-2-23 Lin 指令新建

添加指令后，需要设定的参数与 PTP 指令相似，分别是 pos、dyn 以及 ovl。同样，pos 是必须设定的，而另外两个参数是可选的，只在必要时设定，单击"示教"，此时 TCP 所在位置被记录，Lin 指令添加完成，如图 1-2-24 所示。

② 指令运行的逻辑意义是工业机器人以直线插补运动的方式从当前位姿运行到 cp0 记录的位姿。

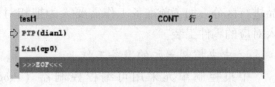

图 1-2-24 完成 Lin 指令添加

3）赋值指令（:=）。该指令用于给某变量赋值，":="左侧为变量，该指令为变量赋值作；":="右侧为表达式，表达式的类型必须符合变量的数据类型，如图 1-2-25 所示。

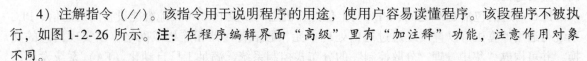

图 1-2-25 赋值指令

4）注解指令（//）。该指令用于说明程序的用途，使用户容易读懂程序。该段程序不被执行，如图 1-2-26 所示。**注：在程序编辑界面"高级"里有"加注释"功能，注意作用对象不同。**

5）WaitIsFinished 指令。该指令用于同步工业机器人的运动以及程序执行。因为在程序当中，有的是多线程多任务，有的标志位高，所以无法控制一些命令运行的先后进程。使用该命令

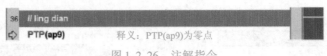

图 1-2-26　注解指令

可以控制进程的先后顺序，使一些进程在指定等待参数之前被中断，直到该参数被激活后进程再持续执行。

6）WaitTime 指令。该指令用于设置工业机器人等待时间，单位为 ms，如图 1-2-27 所示。

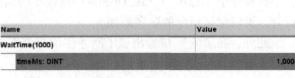

图 1-2-27　WaitTime 指令

7）调用指令（CALL）。调用指令能够调用其他程序作为子程序，且调用的程序必须在编写程序的项目中。如图 1-2-28 所示程序执行完第 29 行 Lin（cp7,，os0）后，调用并执行程序 t1。**注意：** 只能调用相同工程名下的子程序，且子程序中不应有循环。

8）等待指令（WAIT）。当 WAIT 表达式的值为 TRUE 时，下一步指令就会执行，否则，程序等待直到表达式为 TRUE 为止，如图 1-2-29 所示。

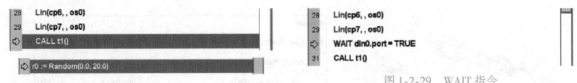

图 1-2-28　CALL 指令

图 1-2-29　WAIT 指令

3. 料仓的准备工作

料仓由零件工装、光电开关和 RFID 芯片组成，如图 1-2-30 所示。它有多层空间，每一层摆放不同工件，一般每层会根据零件的特征摆放，将毛坯、半成品、成品进行区分。加工前准备工作需要人为把相对应的料放入对应的零件工装。

4. 中央控制单元的准备工作

中央控制单元采用可编程控制器（Programmable Logic Controller，PLC）作为主控制器，并配有通信模块。它是从早期的继电器逻辑控制系统发展而来，不断吸收微计算机技术使之功能不断增强，逐渐适合复杂的控制任务。PLC 是应用面广、发展迅速的工业自动化装置，在工厂自动化（FA）和计算机集成制造系统（CIMS）内占重要地位。

图 1-2-30　四层料仓

PLC 的通信包括 PLC 之间、PLC 与上位计算机之间以及 PLC 与其他智能设备间的通信。PLC 系统与通用计算机可以直接或通过通信处理单元、通信转接器相连构成网络，以实现信息的交换，并可构成"集中管理、分散控制"的分布式控制系统，满足工厂自动化（FA）系统发展的需要，各 PLC 系统或远程 I/O 模块按功能各自放置在生产现场分散控制，然后采用网络连接构成集中管理的分布式网络系统。

（1）PLC 配置 PLC 配置 2 个 16 输入/16 输出的 I/O 模块，用于数控车床信号交互，2 个 16 输入的 DI 模块，用于对立体仓库 30 个仓位的检测，仓位按钮、PLC 主控柜按钮、指示灯等其他 I/O，均通过 PLC 自带 I/O 进行通信。

（2）PLC 功能 PLC 与 MES 连接，按照建立的通信协议，接受 MES 下发的指令并返回 MES 所需的状态信息；与 HMI（触摸屏）连接，实现 PLC 控制系统操作运行及状态信息的监控；与 RFID（射频识别）读卡器模块通信，实现电子标签数据的写入与读出；与机器人连接，实现 PLC 与工业机器人的数据交互。

（3）PLC 子程序流程

① 盘点仓库，启动系统；② 指令解析，取出毛坯件；③ 请求下载车床加工程序；④ 车床加工，RFID 状态更新；⑤ 成品入库；⑥ 判断任务是否结束，若未结束，则继续加工；若结束，则复位。

（4）PLC 组态 PLC 组态能够实现对自动化过程和装备的监视和控制，从自动化过程和装备中采集各种信息，并将信息以图形化等更易于理解的方式进行显示，将重要的信息以各种方式传送给相关人员，对信息执行必要分析处理和存储、发出控制指令等。

1）PLC 与 HMI 组态 PLC 与 HMI 连接可实现控制系统操作运行及状态信息的监控，如图 1-2-31 所示。

2）PLC 与 RFID 组态 PLC 与 RFID 读卡器模块通信实现电子标签数据的写入与读出，如图 1-2-32 所示。

设备概览					
模块	索引	类型	订货号	软件或固...	
HMI_RT_1	1	TP700 Comfort	6AV2 124-0GC01-0AX0	13.0.1.0	
	2				
	3				
	4				
▼ HMI_HostStation.IE_CP_1	5	PROFINET接口			
▶ PROFINET Interface_1	5 X1	PROFINET接口			
	6				
▼ HMI_HostStation.MPI/DP_CP_1	7 X2	MPI/DP 接口			
	7 1				
	8				

图 1-2-31 PLC 与 HMI 组态

模块	机架	插槽	I 地址	Q 地址	类型	订货号	固件
▼ RFID	0	0			RF180C V2.2	6GT2 002-0JD00	2.0
▶ RF180C Interface	0	0 X1			rf180c		
2x RS422 channels RFID_1	0	1	256...259	256...259	2x RS422 channels ...		

图 1-2-32 PLC 与 RFID 组态

五、技能训练

1. 设备上电前准备

（1）检查急停按钮 智能制造设备一共有 5 个急停按钮，分别分布于数控车床控制面板、主控柜、机器人控制柜、机器人示教器、料仓。

（2）设备上电操作 数控车床电源上电、主控柜电源上电、机器人控制柜电源上电都将旋钮打到 ON。各设备上电如图 1-2-33 所示。

（3）控制系统上电 数控车床系统控制面板上电、主控柜按下起动

a) 数控车床电源开关

b) 主控柜电源开关

c) 机器人控制柜电源开关

图 1-2-33 设备上电

按钮、机器人控制柜开伺服。各控制系统上电，如图1-2-34所示。

a) 数控车床系统控制面板上电

b) 主控柜起动按钮

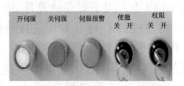
c) 机器人控制柜开伺服按钮

图1-2-34 控制系统上电

2. 设备上电后的操作

（1）数控车床的操作

1）数控机床手动对刀。对刀是数控加工中的主要操作。在一定条件下，对刀的精度决定零件的加工精度与质量。对刀的过程是测量编程原点与机床原点之间的偏移距离，并设置编程原点在以刀尖为参照点的机床坐标系里的坐标。对刀的方法分为手动对刀和采用对刀仪的自动对刀，本项目手动对刀采用试切法零点偏移设置工件零点。

① 机床进入"JOG"工作模式即手动操作模式。

② 用所选刀具试切工件外圆，保持 X 轴方向不动，沿 Z 轴方向刀具退出。单击"主轴停止"按钮，使主轴停止转动，单击菜单"测量/剖面图测量"，得到试切后的工件直径，记为 α。测量界面如图1-2-35所示。

③ 单击 MDI 键盘上的"OFF SET/SET"键，进入形状补偿参数设定界面，将光标移到相应的位置，输入 $X\alpha$，按菜单软键"测量"输入，如图1-2-36所示。

④ 试切工件端面，保持 Z 轴方向不动，刀具沿 X 向退出，单击 MDI 键盘上的"OFF SET/SET"键，进入形状补偿参数设定界面，将光标移到 Z 轴相应的位置，输入 Z0，按软键"测量"输入指定区域，如图1-2-37所示。

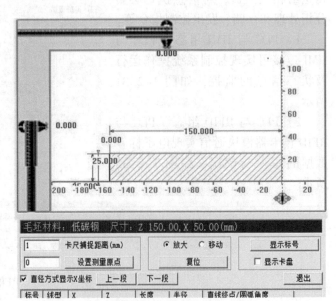
图1-2-35 测量工件

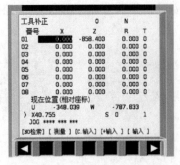
图1-2-36 X 轴对刀

图1-2-37 Z 轴对刀

⑤ 若有多把刀加工，以第一把刀为基准，用精确控制方法接触一下工件外圆和端面，采用上述方法分别进行试切对刀。

2）自动开关门。为更好配合工业机器人自动上下料，需要数控车床门能自动开关。这项要求可通过数控程序来实现。数控车床自动开关门程序详见表1-2-8。

表1-2-8 数控车床自动开关门程序

程 序	说 明
O6001；	程序名
G4 X1；	暂停1s
M17；	关闭防护门
G28 U0. ；	X轴返回参考点
G28 W0. ；	Z轴返回参考点
M03 S500；	主轴正转，速度500r/min
G4 X5；	暂停5s
M05；	主轴停止
M16；	打开防护门
M30；	程序结束

3）控制气动自定心卡盘自动装夹。利用工业机器人控制数控车床气动自定心卡盘夹具实现自动装夹，开/关数控车床夹具程序详见表1-2-9、表1-2-10。

表1-2-9 开数控车床夹具程序

程 序	说 明
On_lathe_Clamp	程序名称
WaitIsFinished ()	等待上述指令执行完成
ER_ModbusSet. IOut [5]：= 1	向5号输出口发送1
WaitIsFinished ()	等待上述指令执行完成
WAIT ER_ ModbusGet. IIn [9] = 10	等待9号输入口回复10
WaitIsFinished ()	等待上述指令执行完成
ER_ ModbusSet. IOut [5]：= 0	向5号输出口发送0
WaitIsFinished ()	等待上述指令执行完成

表1-2-10 关数控车床夹具程序

程 序	说 明
Off_lathe_Clamp	程序名称
WaitIsFinished ()	等待上述指令执行完成
ER_ModbusSet. IOut [5]：= 2	向5号输出口发送2
WaitIsFinished ()	等待上述指令执行完成
WAIT ER_ModbusGet. IIn [9] = 20	等待9号输入口回复20
WaitIsFinished ()	等待上述指令执行完成
ER_ModbusSet. IOut [5]：= 0	向5号输出口发送0
WaitIsFinished ()	等待上述指令执行完成

4）数控车床内摄像头的调整。智能制造生产线上常常需要配备监控系统来进行实时监控，数控车床以网络通信为基础，在数控车床内安装摄像头，利用视频、传感器等监控技术，实时采集数控车床的工作状态，远程监控数控车床的动作，以方便掌握加工情况，对远程监控进行理论分析。

数控车床内摄像头以及气动清洁喷嘴的安装与调试具体要求：

① 通过编写 PLC 程序或者设置机床参数实现定时吹气、随时手动吹气。

② 通过系统摄像头参数界面，设置摄像头通信参数，能够清晰显示图像。

（2）工业机器人的操作

1）新建程序。单击"菜单"按钮，进入当前画面。然后单击"文件"按钮，在弹出菜单中选择"新建项目"，输入项目名称和程序名称。选中目标项目，单击"文件"按钮，在弹出菜单中选择"新建程序"。**注意**：不允许建立空项目，应至少包含一个程序，项目和程序名称必须以字母开头。

2）机器人模式切换。机器人手动操作和自动运行需要切换模式，可通过钥匙旋钮切换模式。旋钮分为：手动、自动、远程三个模式。手动模式需要"使能"和"权限"开关旋转到"关"的位置，示教器上的钥匙旋钮旋转到左边手动模式，使用时机器人运动需要按下手压开关。自动模式需要"使能"和"权限"开关旋转到"关"的位置，示教器上的钥匙旋钮旋转到中间自动模式。按下 <MOT> 键松开伺服电动机抱闸，按 <START> 键开始程序，按 <STOP> 键结束程序。远程模式是"使能"和"权限"开关旋转到"开"的位置，示教器上的钥匙旋钮旋转到右边远程模式，使用时只能外部控制机器人起动、停止、复位等。

3）网络连接。在 Windows 系统界面中，按 <Win + R> 键，进入"运行"对话框，在对话框中输入"cmd"命令，单击"确定"按钮，进入 DOS 操作界面，运用"ping"命令，查看网络连接是否正常。测试各设备地址，以保障其正常工作。各设备的 IP 地址详见表 1-2-11。

表 1-2-11　设备的 IP 地址

设备	IP 地址
数控车床	192. 168. 100. 33
加工中心	192. 168. 100. 34
三坐标	192. 168. 100. 35
机器人	192. 168. 100. 36
PLC	192. 168. 100. 3
HMI	192. 168. 100. 11
RFID	192. 168. 100. 21
MES	192. 168. 100. 150
仿真软件	192. 168. 100. 151
CAM 软件	192. 168. 100. 152

3. 关闭设备

（1）数控车床关机　按下数控系统"关机"和"急停"按钮（在设备后面）关闭电源。

（2）工业机器人关机　关闭工业机器人的伺服按钮，待绿色指示灯熄灭后，电源旋钮逆时针旋转90°断开电源，关机完成。通常在关机之后，按下急停按钮防止他人误操作。

（3）计算机和主控柜关机　关闭 MES 和相关操作软件并注意保存资料，单击"关闭计算机"按钮；关闭主控柜的"使能"和电源开关，完成关机，按下"急停"按钮。

（4）关闭总电源空气开关　在前面所有设备均关闭的前提下，关闭总电源空气开关。

六、任务实施

工业机器人系统共配备了 3 个手爪，如图 1-2-38 所示，手爪 1 是抓取直径较小的轴类零件，手爪 2 是抓取直径较大的轴类或盘类零件，手爪 3 是抓取适用零点定位夹具的零件

图 1-2-38　3 个手爪

和放置盖板类零件。台阶轴上下料程序共包括了 5 个示教程序，分别是取手爪 1 示教程序、取台阶轴毛坯示教程序、数控车床上料示教程序、数控车床下料示教程序和放手爪示教程序。

台阶轴上下料示教程序

任务 1.3　台阶轴首件试切

一、任务描述

运用数控车床 T420，完成如图 1-0-1 所示台阶轴的首件试切。

二、学习目标

1. 掌握 CAM 软件的基本功能和基本指令。
2. 掌握 UG 软件车削编程工序子类型中常用的加工工序、创建车削刀具及设置刀具参数的方法。
3. 掌握 UG 软件刀轨设置、切削参数设置、非切削移动的设置及车削编程的后处理。
4. 掌握 CAM 软件的后处理技巧。

三、能力目标

1. 会用 CAM 软件三维造型及车削加工。
2. 会用 CAM 软件后处理生成与数控机床系统相匹配的加工程序。

四、知识学习

常用的 CAD/CAM 软件主要有 PRO/E、UG、PowerMILL、HyperMILL、MasterCAM 等，这些软件各有特色，广泛被制造企业所认可。本书主要运用的是 UG/CAM 模块，它是 UG 的计算机辅助制造模块，该模块提供了对 NC 加工的 CLSFS 建立与编辑，提供了包括铣削、多轴铣削、车削、线切割、钣金等加工方法的交互操作，还具有图形后置处理和机床数据文件生成器。同时又提供了制造资源管理系统、切削仿真、图形刀轨编辑器、机床仿真等加工或辅助加工。

（1）CAM 软件编程步骤　CAM 软件编程步骤如图 1-3-1 所示，首先通过获得 CAD 模型，进行零件加工工艺分析和规划，然后对 CAD 模型进行完善，再完成参数设置，包括切削方式设置、

加工对象设置、刀具及切削参数设置、加工程序参数设置，最后是刀轨计算和检测校验以及生成后处理生产加工程序。

（2）UG/CAM 功能介绍

1）数控车削编程环境。数控车削加工主要用于轴类、盘类等回转体零件的加工，数控车削常用的加工方式包括有：车端面、车外圆、钻孔、粗镗内孔、精车外圆、精镗内孔、切槽、车螺纹等。在 UG 软件中进行数控车削编程，进入加工模块并且将要创建的 CAM 设置为车加工。

单击工具条上的"开始"按钮，选择"加工"，弹出"加工环境"对话框，在"CAM 会话配置"中选择"cam_general"或者"lathe"，再在"要创建的 CAM 设置"中选择"turning"，如图 1-3-2 所示，单击"确定"按钮，进入数控车削加工的操作环境。

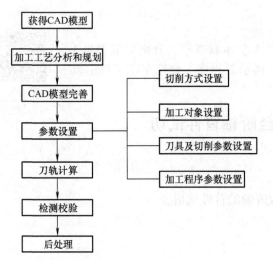

图 1-3-1　CAM 软件编程步骤

图 1-3-2　加工环境设置

进入加工模块后，将出现相关工具条，如图 1-3-3 所示，包括有创建工具条、视图工具条与操作工具条。同时在左侧导航按钮中增加工序导航器标签，可以显示工序导航器，如图 1-3-4 所示。

图 1-3-3　加工相关工具条

2）车削几何体的定义。在 UG 中，进行数控编程前，需要定义几何体，让系统确定工件的编程坐标原点、零件的形状、毛坯的形状等。

在创建工具条中，单击"创建几何"按钮，弹出如图 1-3-5 所示的"创建几何体"对话框。在系统默认的车削模板零件中，包含 6 个车削前几何体类型：MCS 主轴、工件、车削工件、零件几何、切削区域、避让。工件通常用于创建异形的毛坯，并作为零件的父级使用；零件几何与车削工件相近，切削区域通常在创建工序时分别进行设置。

在工序导航器的几何视图中，可以查看当前的几何体，如

> **活页内容提醒：**本教材中使用的 CAM 软件是 UG 软件，可造型、定义刀具及创建工序，设置切削参数，生成刀轨及后处理程序。常用的 CAM 软件有 PRO/E、PowerMILL、HyperMILL、MasterCAM 等软件，也可以实现从造型到生成后处理程序的功能。读者可以根据实际情况，选取其中一款软件使用。

图 1-3-6 所示，几何体将继承其父级的选项设置。在工序导航器中双击选项，可以编辑几何体对象。

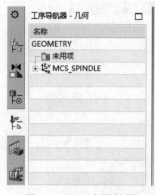

图 1-3-4　工序导航器　　　　图 1-3-5　创建几何体设置　　　　图 1-3-6　工序导航器

MCS 主轴决定了主轴中心线和程序零点，也指示刀具轨迹中刀位点的输出坐标。在创建几何体对话框中，选择几何体子类型为 "MCS-SPINDLE"，用于设置车削加工坐标系，确定后将打开如图 1-3-7 所示的 "MCS 主轴" 对话框。MCS 主轴设置分为机床坐标系、车床工作平面等。

3）车削工件。在 "创建几何体" 对话框中，单击车削工件设置按钮，或者在工序导航器中双击工件几何体图标，弹出如图 1-3-8 所示的 "车削工件" 对话框，车削工件的建立包括指定部件边界与指定毛坯边界、安装位置、点位置、尺寸等。部件边界选择如图 1-3-9 所示。

图 1-3-7　MCS 主轴设置　　　　图 1-3-8　车削工件　　　　图 1-3-9　部件边界选择

4）选择毛坯。单击 "毛坯" 按钮，打开 "毛坯边界" 对话框，如图 1-3-10 所示。简单的棒料和管材毛坯可以采用参数化边界设置，而复杂轮廓毛坯则需在图形窗口中选取毛坯。毛坯分别为棒料、管材、曲线、工作区等方面选择。如图 1-3-11 所示为从曲线选择毛坯。

5）安装位置。指定毛坯安装的基准点，单击 "选择" 按钮，将出现点对话框，指定一个点作为棒料或管材的基准点。分别指定毛坯的放置方向，选择定点位置，指定毛坯大小，包括长度、外径与内径。

图 1-3-10　毛坯边界选择

图 1-3-11　从曲线选择毛坯

（3）创建车刀

1）创建刀具。在 UG 软件中，可以创建各种类型的标准车刀、螺纹车刀、切槽刀，还可以自定义成形刀。在工具栏上单击创建刀具按钮，打开"创建刀具"对话框，如图 1-3-12 所示。在新建刀具时，要求选择刀具的类型、子类型，在选择类型并指定刀具名称后，打开刀具参数对话框，输入相应的参数后即完成刀具的创建。

2）车刀参数。标准车刀是最常用的车刀，创建刀具时将显示如图 1-3-13 所示的"车刀-标准"对话框，包括刀具、夹持器、跟踪、更多四个选项卡。先设置镶块，选择标准车刀的刀片形状。然后指定刀片的切削部分尺寸，通常指定刀尖半径与方向角度。另外，还需要指定刀片尺寸的长度和刀具号，在"夹持器"选项卡中，勾选"使用车刀夹持器"选项，设置车刀的刀杆尺寸。

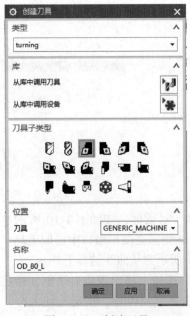

图 1-3-12　创建刀具

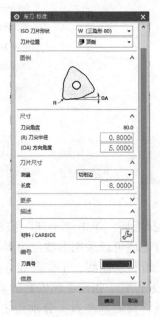

图 1-3-13　车刀-标准

（4）创建车削端面工序

1）创建工序。创建工序是 UG 编程中的核心操作内容，可以从模板中选择不同的工序类型，选择程序、刀具、几何体和方法，再进行工序参数的设置来生成刀具轨迹。单击工具条上"创建工序"按钮，系统打开"创建工序"对话框，如图 1-3-14 所示，选择类型和工序子类型，选择程序、刀具、几何体和方法，并指定工序的名称，确认各选项后单击"确定"按钮，将打开工序对话框。

2）车削工序的几何体。几何体确定了零件的可加工区域，在车削加工的工序对话框上，有几何体组，如图 1-3-15 所示。几何体指定当前的几何体位置，可以选择或新建、编辑几何体父节点组。几何体位置将继承其父级组的设置，如果在创建工序时没有选择正确的几何体位置，那么可以在这里重新选择。

图 1-3-14　创建工序

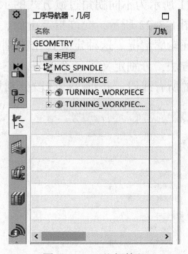

图 1-3-15　几何体组

3）进给率和速度。在工序对话框上单击"进给率和速度"按钮，打开"进给率和速度"对话框，如图 1-3-16 所示，包括有主轴速度与进给率设置，同时还可以为不同的加工区域设置不同的进给率。

（5）创建粗车加工工序

1）粗车的切削策略。在车削过程中，切削策略是指走刀方式，它将影响刀具的运动轨迹。在面加工、粗车外圆与粗车内孔的工序中，均有 13 种切削策略，如图 1-3-17 所示。根据工件形状特点与加工精度要求选取适当的切削策略。不同的走刀方式其加工特点不同，适用于不同类型的毛坯加工。例如：线性走刀方式加工效率高，适用于加工余量较大的毛坯；轮廓走刀方式加工形状误差小，走刀空行程大，适用于加工较小的复杂轮廓毛坯；径向进刀方式适用于加工与零件轴线垂直的轮廓面。

2）刀轨设置。角度的测量是以工件轴线的正向（逆时针方向）为基准。该选项右侧的红色箭头能形象地显示当前走刀方向角。设定切削加工的走刀方向角有两种方式：一是直接指定与 XC 的夹角值，二是采用矢量指定方向角。

图 1-3-16　进给率和速度

3）车削加工的切削参数设置。在"工序"对话框中单击"切削参数"按钮，弹出图1-3-18所示"切削参数"对话框，用于设置车削的相关控制参数。切削参数有策略、余量、拐角、轮廓类型、轮廓加工共5个选项卡。策略选项卡中可设置切削参数、切削约束、刀具安全角，主要是防止刀具在切削过程中与工件表面相碰。需要分别指定第一条切削刃和最后一条切削刃的安全角，图1-3-19所示为不同刀具安全角生成的刀具轨迹示例。

如图1-3-20所示，设置本工序完成后在工件表面上剩余的材料，分为粗加工余量、轮廓加工余量、毛坯余量等。设置轮廓上转角的过渡方式，有绕对象滚动、延伸、圆形、倒斜角四种过渡方式，图1-3-21所示为不同拐角过渡方式的示例。

如图1-3-22所示，允许指定由面、直径、陡峭区域或层区域表示的特征轮廓情况。这种定义每个类别的最小面角角度和最大面角角度的方法，分别定义了一个圆锥，它可过滤出小于最大角且大于最小角的所有线段，并将这些线段分别划分到各自的轮廓类型中。

图1-3-17　切削策略

图1-3-18　切削参数（策略）

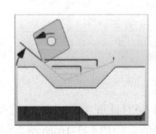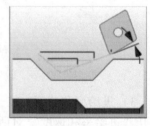

a) 第一条切削边角度　　　b) 第二条切削边角度

图1-3-19　刀具安全角

图1-3-20　切削参数（余量）

图1-3-21　切削参数（拐角）

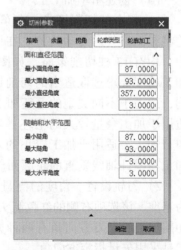

图1-3-22　切削参数（轮廓类型）

4）非切削移动。非切削移动用于设置切削前与切削后的移动方式，图 1-3-23 所示为车削加工的"非切削移动"对话框，有进刀、退刀、安全距离、逼近、离开、局部返回与更多选项卡。逼近、离开设置与避让设置中的选项相同。

（6）创建切断工序　切槽加工包括外圆切槽、内孔切槽与端面切槽，通常采用切槽刀进行单向切削加工。在创建工序时，选取外表面切槽、内表面切槽、端面切槽将分别创建外表面切槽工序、内表面切槽工序与端面切槽工序，三种工序的设置基本相同。

槽加工的切削策略有 12 种，如图 1-3-24 所示，通常槽加工时采用插削的方法，所以单向插削、往复插削、交替插削和交替插削（余留塔台）较为常用。单向、往复、交替是指在宽槽中需要多次插削时刀具的移动方向。步进（步距）是设置槽加工中两次横向进刀之间的距离，即沿 Z 方向的移动距离。

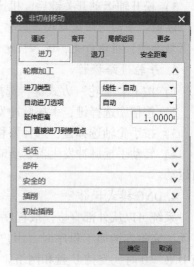

图 1-3-23　非切削移动

切屑控制是对深度较大的槽进行加工时，一次性进刀会产生排屑困难，采用切屑控制可以进行多次的进刀，并对每一次下刀进行控制。槽加工的"切削参数"设置中，增加了"切屑控制"选项卡，如图 1-3-25 所示。

图 1-3-24　切削策略

图 1-3-25　切屑控制

五、技能训练

根据台阶轴的零件图开展编制台阶轴的数控加工程序、确定刀具、手动对刀等准备工作，然后进行台阶轴的首件试切削。

1. 数控机床回零操作

1）首先将模式切换为回零模式。

2）按下轴运动开关，到达参考点后松开（返回参考点后，回零参考点指示灯亮）。

2. 手动进给操作

1）按下"手动"方式键，选择手动操作方式。

2）选择要移动的轴的开关键，按住不放，机床沿该方向运动。

3）松开轴运动开关键后，机床立即停止。

注意：手动进给速度由进给倍率键或者进给倍率开关决定，范围为 0～150%。手动方式时按下倍率键，指示灯亮，进入快速进给模式。

3. 手轮进给操作

1）按下"手轮"方式键，选择手轮操作方式。

2）按倍率选择键，手摇脉冲发生器每刻度移动量可选为编程单位的 1 倍、10 倍、100 倍。

3）按手轮轴选择键，选择要移动的轴。

4）转动手摇脉冲发生器，顺时针旋转时，选定的轴正向运动；逆时针旋转时，选定的轴反向运动。

4. DNC 模式操作

系统可以从外部直接读取程序运行，这种运行方式称为 DNC。当加工程序非常大，系统内存无法完整容纳加工程序时，用户可以采用 DNC 模式运行。当 DNC = 1 时，支持串口和 U 盘；当 DNC = 0 时，支持 U 盘和网络。

5. MDI 模式操作

1）按"程序"键进入程序界面，或者按"位置"键进入位置界面。

2）按下方式键"录入"，选择 MDI 方式，系统自动创建一个临时程序，程序号为 O0000。

3）插入一个或者多个要执行的程序段。

4）按"光标"键，将光标移动到程序开头。

5）按"启动"键开始 MDI 运行，当系统执行到 ERO 时，系统自动清空临时程序。

6. 试运行模式操作

机床锁住功能主要用于检验程序的运行轨迹是否正确。机床锁住开关又称轴锁开关。

当开关打开时，机床不移动，但位置坐标的显示和机床运动时一样；M、S、T 指令都能正确执行并输出；刀具图形轨迹能够正确显示。

操作步骤如下：

1）按下控制面板的"轴锁"键，可切换轴锁开关状态。

2）轴锁开关开时，指示灯亮；轴锁开关关时，指示灯灭。

六、任务实施

1. 零件技术分析

台阶轴零件材料为 2A12 - T4，容易加工且结构简单，主要有以下特点：

1）毛坯为半成品，两端倒角已加工好，半成品尺寸为 $\phi35mm \times 37mm$ 棒料。

2）加工部位为零件的外轮廓和槽。

3）零件的加工精度较低。

2. 零件加工工序

（1）创建粗车车削外圆加工工序　单击创建工具条上的"创建工序"按钮，在"创建工序"对话框中选择子类型为粗车外圆，如图 1-3-26 所示，单击"确定"按钮，开始粗车外圆加工工序的创建。系统将打开"外径粗车"工序对话框。

（2）创建外圆刀具　单击快捷图标"创建刀具"按钮，在"车刀-标准"对话框中设置外圆刀具参数，如图 1-3-27 所示，ISO 刀片形状选择"W"形，刀片位置为"顶侧"，刀尖半径为

"0.8"，刀片长度为"8"。

图 1-3-26　创建工序

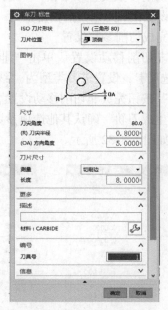

图 1-3-27　选择刀具

（3）刀轨设置　在切削策略中选择"单向线性切削"，在同一方向创建平行切削。

在"外径粗车"对话框中，设置水平角度为"180"，切削深度定义方式为"变量平均值"，最大值为"3"，最小值为"0"；变换模式为"省略"，清理为"全部"；勾选"附加轮廓加工"选项，如图 1-3-28 所示。

（4）进给率设置　单击"进给率和速度"按钮，打开"进给率和速度"对话框，设置表面速度（smm）为"100"，切削进给率为"0.2"，展开更多选项，设置第一刀切削的进给率为"100%"，打开"轮廓"选项，设置轮廓加工为"50%"的切削进给率，如图 1-3-29 所示。

图 1-3-28　刀轨设置

图 1-3-29　进给率设置

（5）切削参数设置　单击"切削参数"按钮，打开"切削参数"对话框，切换到"余量"选项卡，设置粗加工余量的恒定值为"0.5"，其余各项均为"0"，如图1-3-30所示，单击"确定"按钮完成切削参数设置。

（6）非切削移动设置　单击"非切削移动"按钮，打开"非切削移动"对话框，切换至"进刀"选项卡，设置进刀类型为"线性-自动"，指定延伸距离为"1"，如图1-3-31所示，单击"确定"按钮完成非切削移动设置。

（7）生成刀轨　确认其他选项参数设置。在"工序"对话框中单击"生成"按钮，生成刀具轨迹，如图1-3-32所示。

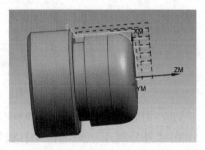

图1-3-30　设置切削参数　　　　图1-3-31　非切削移动设置　　　　图1-3-32　刀具轨迹

（8）确定工序　检视刀具轨迹，确认正确后，单击"外径粗车"对话框中的"确定"按钮，接受刀具轨迹并关闭"外径粗车"工序对话框。

（9）创建外圆切槽加工工序　单击创建工具条上的"创建工序"按钮，在"创建工序"对话框中选择子类型为外径开槽，选择刀具为"OD_GROOVE_L（槽刀-标准）"，如图1-3-33所示。单击"确定"按钮，开始切槽加工工序的创建。系统将打开"外径开槽"对话框，如图1-3-34所示。

图1-3-33　外圆切槽加工工序　　　　　　　　图1-3-34　外径开槽

（10）刀轨设置　在"外径开槽"对话框中，确认切削策略为"单向插削"，如图 1-3-34 所示。

（11）指定切削区域　单击"切削区域"后的编辑按钮，打开"切削区域"对话框，指定轴向修剪平面 1 与轴向修剪平面 2 的限制选项为"距离"，指定轴向 ZM/XM 值分别为"-14"与"-20"；指定径向修剪平面 1 与径向修剪平面 2 的限制选项为"距离"，指定半径值分别为"24"与"26"，如图 1-3-35 所示，在图形上将显示新切削区域，单击"确定"按钮后返回"外径开槽"工序对话框。

（12）新建切槽刀具　单击快捷图标"创建刀具"按钮，打开"新建刀具"对话框，如图 1-3-36 所示，单击"确认"按钮，进入"槽刀-标准"对话框中，刀片形状选择"标准"，刀片位置选择"顶侧"，方向角度设为"90"，刀片长度设为"12"，刀片宽度设为"4"（槽宽 4），刀尖半径设为"0.2"，如图 1-3-37 所示。

（13）切削参数设置　单击"切削参数"按钮，打开"切削参数"对话框，切换到"切屑控制"选项卡，设置切屑控制方式为"恒定安全设置"，恒定增量设为"2"，安全距离设为"1"，如图 1-3-38 所示，单击"确定"按钮完成切削参数设置。

（14）非切削移动设置　单击"非切削移动"按钮，打开"非切削移动"对话框，切换至"离开"选项卡，设置运动到返回点/安全平面的运动类型为"径向→轴向"，如图 1-3-39 所示，单击"确定"按钮完成非切削移动设置。

图 1-3-35　指定切削区域

图 1-3-36　新建刀具

图 1-3-37　槽刀-标准设置

图 1-3-38　切削参数设置

（15）进给率和速度设置　单击"进给率和速度"按钮，打开"进给率和速度"对话框，设置表面速度（SMM）为"100"，切削进给率为"0.1"，单击"确定"按钮完成进给率和速度设置，如图 1-3-40 所示。

（16）生成刀具轨迹　检视刀具轨迹，确认正确后，单击"工序"对话框中"确定"按钮，接受刀具轨迹并关闭"外径开槽"对话框。单击"工序导航器"按钮，显示工序导航器顺序视图，选择程序"NC_ PROGRAM"，如图1-3-41所示。

图 1-3-39　非切削移动设置

图 1-3-40　切削参数设置

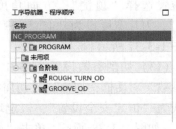

图 1-3-41　非切削移动设置

（17）生成后处理程序　如图1-3-42所示，右击"NC_ PROGRAM"，在弹出菜单中选择"后处理"选项，出现如图1-3-43所示的"后处理"对话框，选择"LATHE_2_AXIS_TURRET_REF"，选择程序存放文件夹，设置单位为"公制/部件"，单击"确定"按钮，后处理设置完成。

（18）生成程序　图1-3-44所示为生成的台阶轴加工程序。

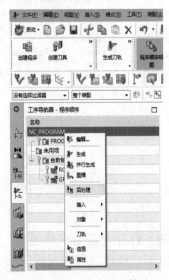

图 1-3-42　生成刀具轨迹

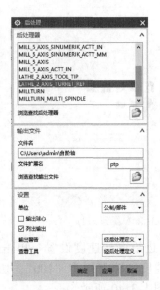

图 1-3-43　后处理设置

```
%
N0010 G94 G90 G20
N0020 G50 X0.0 Z0.0
:0030 T00 H00 M06
N0040 G97 S1014 M03
N0050 G94 G00 X15.6933 Z5.8
N0060 G92 S0
N0070 G96 S100 M03
N0080 G95 G01 Z5. F.2
N0090 Z-19.5
N0100 X16.4075
N0110 X17.5 Z-20.5925
N0120 X18.0657 Z-20.0268
N0130 G94 G00 Z5.8
N0140 X12.9444
N0150 G95 G01 Z5.
N0160 Z-.8611
N0170 G03 X13.8867 Z-1.7124 I-3.4909 K-4.811
```

图 1-3-44　台阶轴加工程序

注意：台阶轴的上料由工业机器人完成。工业机器人手爪抓取毛坯送入自定心卡盘，然后卡盘夹紧。在这个过程中，为保证定位准确，在工业机器人手爪把毛坯送入自定心卡盘，卡盘夹紧毛坯后，工业机器人手爪松开并退至机床外。顶毛坯的工具具有一定的弹性，安装在转塔刀架的 8 号刀位上。执行顶毛坯程序时，在顶毛坯的工具顶住毛坯后，自定心卡盘先松开，使毛坯充分靠紧左端面，自定心卡盘再夹紧，使毛坯定位准确。

顶毛坯程序

任务1.4　台阶轴的智能加工

一、任务描述

运用搭建的智能制造生产线，完成如图 1-0-1 所示台阶轴零件批量生产的智能加工。

二、学习目标

1. 了解 MES 软件编程步骤。
2. 掌握通过 MES 软件下单完成智能加工。

三、能力目标

1. 会操作 MES 软件。
2. 会用 MES 软件下单。
3. 会在 MES 里面导入托盘信息。
4. 会在 MES 里面导入物料基础信息。
5. 会在 MES 里建立 BOM。

> **活页内容提醒：** MES系统是每个企业根据产品生产情况而设计的，属于个性化定制，但各企业 MES 系统中的模块是类似的。本教材采用的是上海英应机器人科技有限公司开发的 SMES 系统，读者也可用其他 MES 系统替代。

四、知识学习

1. MES

制造企业生产过程执行系统（Manufacturing Execution System，MES），是一套面向制造企业车间执行层的生产信息化管理系统。MES可以为企业提供包括制造数据管理、计划排产管理、生产调度管理、库存管理、质量管理、人力资源管理、工作中心/设备管理、工具工装管理、采购管理、成本管理、项目看板管理、生产过程控制、底层数据集成分析、上层数据集成分析等管理模块，如图1-4-1所示。

2. 设计物料清单（EBOM）

EBOM是设计部门产生的数据，产品设计人员根据客户订单或者设计要求进行产品设计，生成包括产品名称、产品结构、明细表、汇总表、产品使用说明书、装箱清单等信息，这些信息大部分包括在EBOM中。EBOM是工艺、制造等后续部门的其他应用系统所需产品数据的基础。使用3D设计软件进行零件档案设计，生成xls格式的

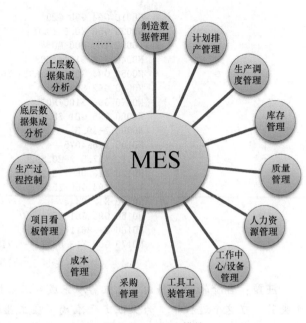

图1-4-1　MES模块

EBOM，在SMES软件界面，创建xls格式的EBOM文件，对零件信息进入导入，EBOM内容格式如图1-4-2所示。

序号	考试场次	组件名称	图号	图号版次	名称	还料图号	还料尺寸	材料	数量	单位
1	B	ZN-02	ZN020006	1	台阶轴	ZN02006A	$\phi35mm\times30mm$	2A12-T4	1	件
2	B	ZN-02	ZN020005	1	顶盖	ZN02005A	$\phi68mm\times25mm$	2A12-T4	1	件
3	B	ZN-02	ZN020004	1	上盖	ZN02004A	80mm×80mm×15mm	2A12-T4	1	件
4	B	ZN-02	ZN020003	1	底板	ZN02003A	80mm×80mm×25mm	2A12-T4	1	件

图1-4-2　EBOM内容格式

3. 计划物料清单（PBOM）

PBOM是工艺设计部门以EBOM中的数据为依据制订工艺计划、工序信息，生成计划物料清单（Bill of Material，BOM）的数据。计划BOM是由普通物料清单组成的，只用于产品的预测，尤其是用于预测由不同的零件组合而成的产品系列在市场销售和简化预测计划上使用。另外，当存在通用件时，可以把各个通用件定义为普通型BOM，然后由各组件组装成某个产品，这样各组件可以先按预测计划进行生产，下达的PBOM产品可以很快进行组装，满足市场要求。

在EBOM导入之后自动生成PBOM，PBOM内容格式如图1-4-3所示，根据生产工艺在工艺路线栏里面定义工序。

序号	考试场次	图号	图号版次	名称	数量	工艺路线
1	B	ZN020006	1	台阶轴	1	车削加工　铣削加工　质量检测
2	B	ZN020005	1	顶盖	1	车削加工
3	B	ZN020004	1	上盖	1	铣削加工
4	B	ZN020003	1	底板	1	铣削加工

图1-4-3　PBOM内容格式

MES 旨在加强物资需求计划（Material Requirement Planning，MRP）的执行功能，把 MRP 同车间作业现场控制，通过执行系统联系起来。这里的现场控制包括 PLC 程控器、数据采集器、条形码、各种计量及检测仪器、机械手等。MES 设置了必要的接口，与提供生产现场控制设施的厂商建立合作关系。

五、技能训练

在 MES 里面掌握物料托盘信息的导入、物料基础信息导入和建立产品 BOM 的方法。

1. 物料托盘信息导入

在软件左边状态栏，单击基础信息管理下拉菜单，出现如图 1-4-4 所示的"托盘信息管理"页面，在该页面输入物料托盘的信息。

托盘基础信息管理

选择	托盘编号	托盘名称	托盘类型
○	A01	上盖托盘	PF01
○	A02	上盖托盘	PF01

图 1-4-4 托盘信息管理

单击"托盘信息管理"页面中的"新增"按钮，弹出"新添托盘"对话框，如图 1-4-5 所示。"托盘编号"是指工件存放在仓库或在传送带上运行的时候固定和定位零件的工装，编号规则是以字母 A 开头的三位编码，后两位为序号，同一个仓库内托盘编号不能相同；"托盘名称"一般以上面放置的零件名为前缀命名，便于识别；"托盘类型"用于区别不同托盘，一般托盘零件的定位工装根据零件外形不同而不同，根据放置

图 1-4-5 新添托盘

相同零件数量的不同，可以多个托盘编号选用相同的托盘类型，编号规则以固定字母 PF 开头的 4 位编号，后两位为流水号。

依次设置每种零件的 2 个放置托盘，上盖托盘的托盘类型为 PF01、底板托盘的托盘类型为 PF02、顶盖托盘的托盘类型为 PF03、台阶轴托盘的类型为 PF04，如图 1-4-6 所示。

托盘编号	托盘名称	托盘类型
A01	上盖托盘	PF01
A02	上盖托盘	PF01
A03	底板托盘	PF02
A04	底板托盘	PF02
A05	顶盖托盘	PF03
A06	顶盖托盘	PF03
A07	台阶轴托盘	PF04
A08	台阶轴托盘	PF04

图 1-4-6 设置托盘类型

2. 物料基础信息导入

在软件左边状态栏，单击基础信息管理下拉菜单，出现如图1-4-7所示"物料基础信息"页面，在该页面输入物料基础信息。

物料编号	物料名称	物料类型	安全库存	最小起订	供货周期	价格	托盘类型	零件编码
GS000100	上盖	Part	1000	500	10	100	PF01	ZN020004
GS000101	上盖毛坯	Material	1000	500	10	30	PF01	ZN02004A
GS000200	底板	Part	1000	10	10	110	PF02	ZN020003
GS000201	底板毛坯	Material	1000	500	10	40	PF02	ZN02003A

图 1-4-7　物料基础信息

单击"托盘信息管理"页面中的"新增"按钮，弹出"编辑物料"对话框，如图1-4-8所示。"物料编码"一般是ERP对仓库进行管理时，在录入零件时为定义零件特性而产生的编码，同一种零件物料编码相同，也可以与零件编码相同；"物料名称"是指零件名称；"物料类型"有成品和毛坯两种状态，实际生产中还有半成品。"安全库存"是指确保企业正常生产的仓库零件备货数量，安全库存＝日用量×供货周期；"最小起订"是指从控制成本的角度出发，供应商对用户要求一次最少要采购的数量；"供货周期"是指从收到采购订单开始，订单上产品送到用户处的时间周期；"价格"是指零件价格；"托盘类型"是指放置该零件的托盘类型。

图 1-4-8　编辑物料

依照项目要求，依次输入四种零件的成品和毛坯的物料基础信息，如图1-4-9所示。

物料编号	物料名称	物料类型	安全库存	最小起订	供货周期	价格	托盘类型	零件编码
GS000100	上盖	Part	1000	500	10	100	PF01	ZN020004
GS000101	上盖毛坯	Material	1000	500	10	30	PF01	ZN020004A
GS000200	底板	Part	1000	10	10	110	PF02	ZN020003
GS000201	底板毛坯	Material	1000	500	10	40	PF02	ZN020003A
GS000300	顶盖	Part	1000	500	10	80	PF03	ZN020005
GS000301	顶盖毛坯	Material	1000	500	10	35	PF03	ZN020005A
GS000400	台阶轴	Part	1000	500	10	90	PF04	ZN020006
GS000401	台阶轴毛坯	Material	1000	500	10	35	PF04	ZN020006A

图 1-4-9　成品和毛坯的物料基础信息

3. 建立产品 BOM

在软件左边状态栏，单击基础信息管理下拉菜单，出现如图 1-4-10 所示的"BOM 配置"页面，在该页面输入零件 BOM。

图 1-4-10　BOM 配置

单击"新增"按钮，出现"BOM 配置"对话框。图 1-4-11 所示为上盖零件的 BOM。上盖是由上盖毛坯生产加工而得来的，上盖为父节点，物料类型为"成品/半成品"，上盖毛坯为子节点，物料类型为"坯料"，上盖和上盖毛坯建立 BOM 关系的操作是在上盖毛坯 BOM 配置框里面选择"父节点名称"为"上盖"，父节点名称就会出现上盖的 BOM 编号。

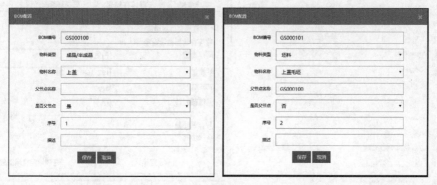

图 1-4-11　上盖零件的 BOM 配置

依照图 1-4-12 依次建立零件底板和底板毛坯、顶盖和顶盖毛坯、台阶轴和台阶轴毛坯的 BOM 关系。

物料名称	物料编号	物料类型	规格	价格	托盘类型
上盖	GS000100	成品/半成品		100.00	PF01
上盖毛坯	GS000101	坯料		30.00	PF01
底板	GS000200	成品/半成品		110.00	PF02
底板毛坯	GS000201	坯料		40.00	PF02
顶盖	GS000300	成品/半成品		80.00	PF03
顶盖毛坯	GS000301	坯料		35.00	PF03
台阶轴	GS000400	成品/半成品		90.00	PF04
台阶轴毛坯	GS000401	坯料		35.00	PF04

图 1-4-12　BOM 关系

台阶轴的
智能制造

六、任务实施

检查生产线设备，在生产准备工作就绪的情况下，在 MES 上启动订单生产。机器人将移动到立体仓库前扫码取料，送入车床加工进行加工，在加工完成后机器人会夹取成品移动到立体仓库前，根据 MES 指定的存放库位进行写入零件信息后入库，自动生产线将根据订单的数量进行重复生产动作。

1. 程序上传

打开 DNC 界面把加工程序上传到机床内部存储器。程序上传操作方法如下：

1）单击"会话设定"，如图 1-4-13 所示，弹出"程序传输工具设定"对话框，在"程序存储器"选项卡中的 IP 地址栏输入要上传机床的系统 IP 地址，然后保存，DNC 系统与机床建立通信，如图 1-4-14 所示。

2）打开程序传输工具，在 C 盘里面找到 CNC 加工程序的文件夹，打开文件夹能看到里面放置的程序，把需要的程序拖入程序存储器，完成程序的上传，如图 1-4-15，程序存放的路径和程序名称用户可以自定义。

图 1-4-13　打开界面

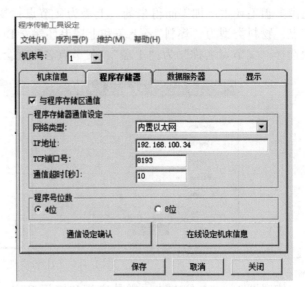

图 1-4-14　程序传输工具设定

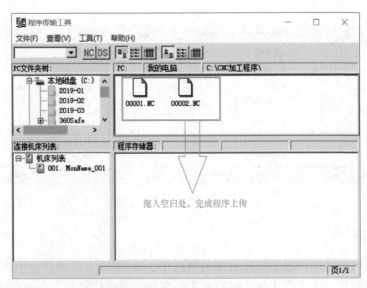

图 1-4-15　程序存放的路径和程序名称

2. 选择订单的排程方式

为生产台阶轴编号为"SN2020060001"的订单选择优先级的排程算法进行排程，如图 1-4-16 所示。

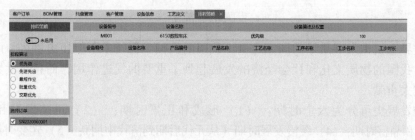

图 1-4-16　台阶轴生产排程

3. 模拟生产

模拟生产的仿真节拍将根据安排生产工艺时录入的时长进行运行，能模拟出真实的生产情况，根据模拟输出甘特图以及效率等结果参数，优化工艺和选择不同的排程算法，如图 1-4-17 所示。

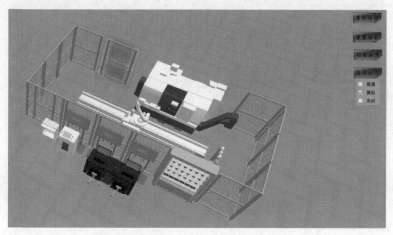

图 1-4-17　台阶轴订单模拟仿真生产

4. 订单实际生产

通过仿真运行确认工艺最优后，从 3D 运行界面切换到实际运行状态，单击图 1-4-18 中三角形启动按钮，自动生产线将启动依照所选排程算法产生的生产队列，进行加工生产，完成订单内容。

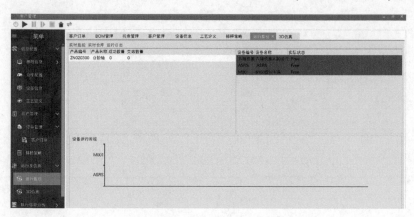

图 1-4-18　台阶轴订单实际生产

拓展活动

我国机械简史

　　我国是世界上机械发展最早的国家之一。我国的机械工程技术不但历史悠久，而且成就十分辉煌，不仅对我国的物质文化和社会经济的发展起到了重要的促进作用，而且对世界技术文明的进步做出了重大贡献。

　　我国机械发展史可分为六个时期：（1）形成和积累时期；（2）迅速发展和成熟时期；（3）全面发展和鼎盛时期；（4）缓慢发展时期（从元代后期到清代中期）；（5）转变时期；（6）复兴时期。

　　请大家查阅资料，简述这六个时期标志性的事件。

项目 ②

上盖的智能制造单元生产与管控

一、项目描述

现需生产如图 2-0-1 所示的上盖零件 100 件，提供的半精加工毛坯放在料仓里面，使用零点夹具试完成上盖零件的智能加工。

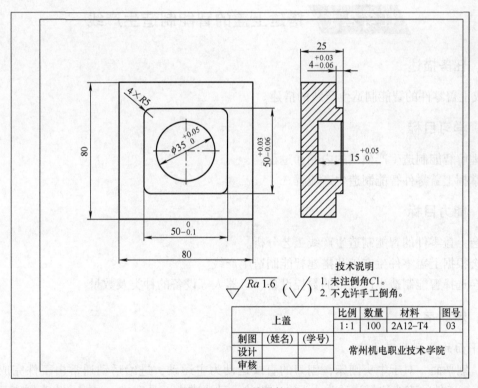

上盖		比例	数量	材料	图号
		1:1	100	2A12-T4	03
制图	(姓名) (学号)				
设计			常州机电职业技术学院		
审核					

技术说明
1. 未注倒角C1。
2. 不允许手工倒角。

$\sqrt{Ra\,1.6}$ $(\sqrt{})$

图 2-0-1 上盖零件图

二、素养目标

1. 培养团队协作、吃苦耐劳、严谨细致的工作作风。

2. 树立学生自信自强和诚实守信的意识，对于编制不同工艺能够提出自己的观点；对于加工后的零件质量能够诚实，直面加工中所犯错误并能及时改正。

3. 培养专注负责的工作态度，精雕细琢、精益求精的工作理念。

三、学习目标

1. 掌握上盖零件制造单元的流程。
2. 掌握数控加工中心、工业机器人、料仓和中控单元等的准备工作内容与步骤。
3. 掌握自动编程软件的使用和工业机器人编程指令的使用。
4. 掌握 MES 下单完成上盖零件的智能切削加工原理与过程。

四、能力目标

1. 会上盖零件的生产工艺分析并能搭建智能制造生产线。
2. 能根据上盖零件生产工艺完成生产加工前的准备工作。
3. 会用三维软件完成上盖零件的自动编程，能完成首件试切削，并对相应工艺进行调整。
4. 会用 MES 完成零件的下单任务，并通过控制软件完成零件的质量检测。

任务 2.1 搭建上盖的智能制造生产线

一、任务描述

完成上盖零件的智能制造生产线的搭建。

二、学习目标

1. 理解智能制造生产模式的内涵和过程。
2. 掌握上盖零件智能制造生产流程。

三、能力目标

1. 会上盖零件的智能制造生产线工艺分析。
2. 会根据上盖零件生产工艺搭建智能制造生产线。
3. 会选择智能制造生产线中的数控设备、机器人等设备的种类及数量。

四、知识学习

1. 平面的典型加工方法

（1）刨平面 对于牛头刨床，刨刀的直线运动为主运动，进给运动通常由工件完成；对于龙门刨床，工件的直线往复运动为主运动，进给运动通常由刀具完成。目前，牛头刨床已逐渐被各种铣床所代替，但龙门刨床仍广泛用于大件的平面加工。宽刃精刨工艺在一定条件下可代替磨削或刮研工作。

（2）插削 插削是内孔键槽的常用加工方法，其主运动通常为插刀的直线运动。

（3）铣平面 铣平面有周铣和端铣两种形式。端铣刀由于刀盘转速高、刀杆刚性好，可进行高速铣削和强力铣削。

（4）磨削平面 磨削平面可以分圆周磨和端面磨两大类。圆周磨由于砂轮与工件接触面积小，磨削区散热排屑条件好，加工精度较高；端面磨允许采用较大的磨削用量，可获得较高的加工效率，但加工精度不如圆周磨。平面磨削一般作为精加工工序，安排在粗加工之后进行。由于缓进给磨削的发展，毛坯也可直接磨削成成品。

（5）车（镗）平面 在车床上车平面时，工件的回转运动是主运动，刀具做垂直于主轴回转轴线的进给运动。车平面时，主运动和进给运动均由刀具来完成。

（6）拉平面 平面拉刀相对于工件做直线运动，实现拉削加工。平面拉削是一种高精度和高效率的加工方法，适用于大批量生产。

2. 铣削

铣削加工是利用相切法成形原理，用多刃回转体刀具在铣床上对工件进行加工的一种切削方法，是目前应用较广泛的加工方法之一。

（1）铣削加工的应用 在铣削加工中，铣刀做旋转的主运动，工件做直线或回转的进给运动，实现对零件的加工。铣削可以加工平面、斜面、垂直面、各种沟槽和成形面（如齿形），如图 2-1-1 所示。

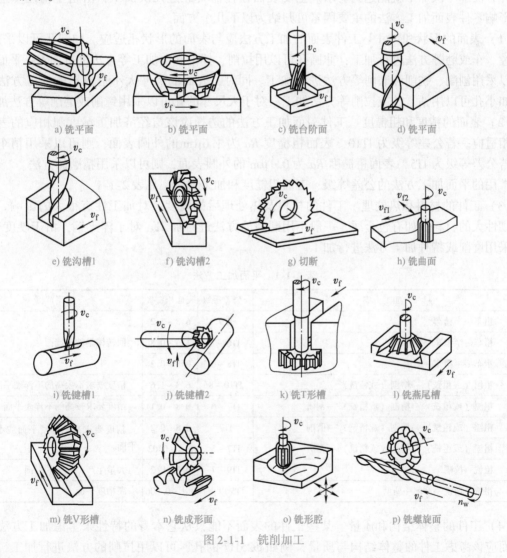

a) 铣平面　　　b) 铣平面　　　c) 铣台阶面　　　d) 铣平面

e) 铣沟槽1　　　f) 铣沟槽2　　　g) 切断　　　h) 铣曲面

i) 铣键槽1　　　j) 铣键槽2　　　k) 铣T形槽　　　l) 铣燕尾槽

m) 铣V形槽　　　n) 铣成形面　　　o) 铣形腔　　　p) 铣螺旋面

图 2-1-1 铣削加工

铣削分为粗铣、半精铣和精铣。粗铣后两平行平面之间的尺寸公差等级为 IT11~IT12，表面粗糙度 Ra 为 12.5~25μm；半精铣为 IT9~IT10，Ra 为 3.2~6.3μm；精铣为 IT7~IT8，Ra 为

$1.6 \sim 3.2 \mu m$，直线度可达 $0.08 \sim 0.12 mm/m$。

（2）铣削加工的特点

1）铣刀是一种多齿刀具，在铣削时，铣刀的每个刀具不像车刀和钻头那样连续地进行切削，而是间歇地进行切削，刀具的散热和冷却条件好，铣刀的寿命长，切削速度可以提高。

2）铣削时经常是多齿进行切削，可采用较大的切削用量，与刨削相比，铣削有较高的生产率，在成批及大量生产中，铣削几乎代替了刨削。

3）由于铣刀齿的不断切入、切出，铣削力不断地变化，所以铣削容易产生振动。

3. 平面的加工方案选择

选择零件各表面的加工方法，不仅对零件的加工质量有着重大的影响，还对零件的生产率和制造成本有极大的影响。在设计工艺路线时，各表面由于精度和表面质量的要求，一般不可能只用一种方法、一次加工就能达到要求。主要表面往往需要经过几次加工，由粗至精逐步达到要求。影响零件表面加工方法的主要因素可归纳为以下几个方面。

（1）表面的形状和尺寸　工件表面的加工方法应与表面的形状相适应。如圆孔可以采用钻、铰、镗、车或磨等方法进行加工；非圆孔可以用拉削、插削和电加工等方法进行加工；平面的型面可以采用刨削、铣削和磨削等方法进行加工。同时，表面的尺寸大小也要影响加工方法的选择，如小孔可以用钻、铰或拉削等方法加工，对于大尺寸的孔可以采用镗削或磨削等方法加工。

（2）表面的精度和粗糙度　工件表面加工方法的选择应该与经济加工精度和相应的表面粗糙度相适应。若公差等级为 IT10，表面粗糙度 Ra 为 $1.6 \mu m$ 的外圆表面，则可以采用精车的方法；若公差等级为 IT5，表面粗糙度 Ra 为 $0.1 \mu m$ 的外圆表面，则可以采用精磨的方法。

常用的平面加工方法的公差等级、表面粗糙度和加工方案，见表 2-1-1。

（3）工件的材料和热处理　工件的材料及热处理后的硬度，对加工性有很大的影响。硬度低而韧性大的材料，如有色金属，一般不用磨削的方法进行加工。对于淬火钢，由于硬度很高，只能采用磨削或特种加工方法进行加工。

表 2-1-1　平面加工方法

序号	加工方案	公差等级	表面粗糙度	适用范围
1	粗车→半精车	IT9	6.3～3.2	
2	粗车→半精车→精车	IT6～7	1.6～0.8	回转体零件的端面
3	粗车→半精车→磨削	IT8～6	0.8～0.2	
4	粗刨（或粗铣）→精刨（或精铣）	IT10～8	6.3～1.6	精度要求不太高的不淬硬平面
5	粗刨（或粗铣）→精刨（或精铣）→刮研	IT7～6	0.8～0.1	精度要求较高的不淬硬平面
6	粗刨（或粗铣）→精刨（或精铣）→磨削	IT7	0.8～0.2	精度要求高的淬硬平面或不淬硬平面
7	粗刨（或粗铣）→精刨（或精铣）→粗磨→精磨	IT7～5	0.4～0.02	
8	粗铣→拉削	IT9～7	0.8～0.2	大量生产，较小的平面
9	粗铣→精铣→磨削→研磨	IT5 以上	0.1～0.006	高精度平面

（4）工件的整体结构和质量　某些工件的表面不能只从它本身的特性来考虑加工方法的选择，而应该考虑工件的整体结构与质量，例如 $\phi 25 H7$ 的孔，可以用拉削的方法进行加工，如果孔有阻挡或是盲孔，就不能采用拉削的方法加工，则应采用精车或磨削的方法进行加工。工件的质量与尺寸对加工方法的选择也有较大的影响。例如，对于工件尺寸和质量比较大的回转面，应

选用立车的方法进行加工。

（5）零件的产量和生产类型　选择加工方法时，应从优质、高效、低耗的角度进行考虑。在大批大量生产时，一般采用高效、先进的生产方法；在单件小批生产中，一般采用通用设备和常规的生产方法。现在为了提高单件小批生产的生产率和缩短生产周期，同时适应产品品种多、变化快的特点，常常采用数控机床和加工中心进行加工。

（6）现场生产条件　应根据工厂现场的生产条件选择加工方法。例如，对于圆形通孔的加工，可以采用车、钻、铰拉、磨或镗等加工方法，如果工厂没有拉削设备，就不能选择拉削的生产方法。

4. 铣刀

铣刀具有圆柱体外形并在圆周及底部带有切削刃，它是通过旋转运动来切削加工工件的切削工具。

铣刀源于刨刀，刨刀上只有一面有切削刃，刨刀在进给时，只有一面有切削作用，那么刨刀回来的时间就完全浪费掉了。刨刀的切削刃很窄，因此其加工的效率很低，为克服这一缺点，将刨刀装在一根轴上，使其快速旋转，让工件慢慢从下面走过，这样就节省了时间，这就是单刃铣刀。后经过长期发展，有了现在各式各样的铣刀。

（1）铣刀的特点

1）铣削加工生产率高。由于多个刀齿参与切削，切削刃的作用总长度长，每个刀齿的切削载荷相同时，总的金属切削效率就会明显高于单刃刀具的切削效率。

2）断续切削。铣削时每个刀齿依次进行切入或切出工作，形成断续切削，切入和切出时会产生冲击或振动。此外，高速铣削时，刀齿还经受周期性的温度变化，即热冲击的作用，这种热和力的冲击会降低刀具的寿命。振动还会影响已加工表面的粗糙度。

3）容屑与排屑。由于铣刀是多刃刀具，相邻两刀齿之间的空间有限，每个刀齿切下的切屑必须有足够的空间容纳，并能够顺利排除，否则会造成刀具损坏。

同一个被加工表面可以采用不同的铣削方式、不同的刀具来适应不同的工件材料和其他切削条件的要求，以提高切削效率和刀具寿命。

（2）铣刀的选用　铣削中选择铣刀时，先确定好铣刀的种类、规格尺寸、齿数和直径，使用圆柱形铣刀时，还要考虑它的螺旋方向。

1）铣刀齿数的选择。尖齿铣刀根据齿数分为粗齿和细齿两种。粗齿铣刀在刀体上的刀齿分布较为稀疏，齿槽角大，所以排屑方便；细齿铣刀的刀齿分布较为密集，加工表面能获得较好的表面质量。

2）铣刀直径的选择。铣刀直径的选择取决于吃刀量。铣削中，吃刀量越大越深，铣刀直径也应越大。但铣刀直径过大，会加大铣刀的行程距离，这会降低生产效率。可见，铣刀直径如过大或过小都不利于切削加工，应在加工过程中根据具体情况选择铣刀直径。

3）可转位铣削刀具。数控铣削常用刀具主要分为两大类：可转位铣削刀具和整体式刀具。可转位刀具刀片与刀体为分开，可以按自身需要选用合适材料，因此切削效果好；整体式刀具相对可转位刀具而言，结构简单。所以一般较大的铣刀都采用可转位刀具，而较小的铣刀采用整体式刀具。

4）可转位铣刀的类别。可转位铣刀主要分为面铣刀、方肩铣刀、螺纹立铣刀、仿形铣刀、三面刃铣刀等。

5. 刀柄的选用

刀柄的选用主要注意以下几点：

（1）刀柄需与机床相匹配　刀柄与机床主轴的连接可使用 BT 刀柄、JT 刀柄或者其他刀柄。

（2）刀柄需与铣刀连接方式相适应 弹簧夹头刀柄主要用于直柄的孔加工刀具（钻头、丝锥等）；强力铣刀柄主要用于直柄立铣刀、方肩铣刀；侧固式刀柄主要用于可转位球刀、方肩铣刀、螺旋铣刀等柄部结构为削平柄的刀具；套式铣刀柄主要用于面铣刀；莫氏锥柄主要用于锥柄麻花钻、扩孔钻等刀具。

（3）刀柄需与刀具的连接尺寸相匹配 原则上两者连接尺寸应一致，但对于弹簧夹头刀柄和强力铣刀可以通过卡簧与直柄夹套来保证刀具与刀柄的连接。

（4）刀具长度 保证刀具加工过程中不会与工件、夹具等其他装置发生碰撞。

五、技能训练

上盖制造单元现场搭建的操作步骤如下：

（1）新建上盖制造单元项目 打开SMES软件，进入工程管理界面，建立新项目——上盖制造单元，输入项目名称和项目描述。项目创建成功后，右击新项目，进入布局规划界面。

（2）搭建VMC600加工中心 单击"加工设备"出现下拉菜单，选择"VWC600加工中心"，然后单击场地中要放置的位置，如图2-1-2所示。

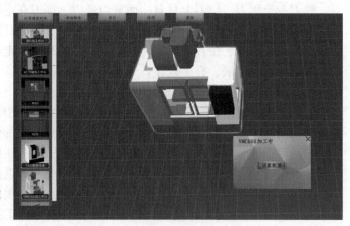

（3）VMC600属性设置 将数控设备移动到场景中合适位置，右击设备出现设备属性对话框，对该设备进行编码和角度调整。输入设备编码为"M002"，设置角度为"0"，如图2-1-3所示。

图 2-1-2　搭建 VMC600 加工中心

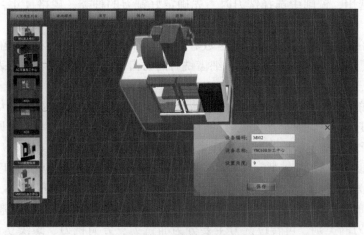

图 2-1-3　VMC600 属性设置

（4）搭建工业机器人 在模型列表中选择工业机器人，将工业机器人移动到场景中。单击工业机器人，工业机器人出现一个白色的方框，该方框为工业机器人的工作范围，移动工业机器人，使数控机床处于工业机器人工作范围内，如图2-1-4所示。

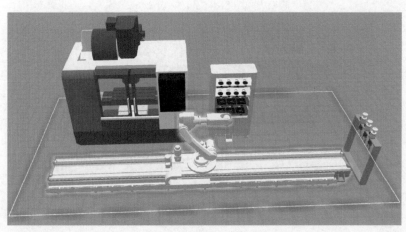

图 2-1-4　搭建工业机器人

（5）搭建线边库和工业机器人夹爪库　在模型列表中选择线边库和工业机器人夹爪库，移动到场景中合适位置。

（6）设备关系连接　右击工业机器人出现如图 2-1-5 所示对话框。

图 2-1-5　工业机器人工作范围设定

选择"配置关系"选项，如图 2-1-6 所示对话框，选择"VMC600 加工中心""线边库"进行动作关联。单击"保存"按钮后，单击界面左上角按钮，再单击里面的"保存"按钮，对场景进行保存。完成上盖制造单元的仿真搭建，如图 2-1-7 所示。

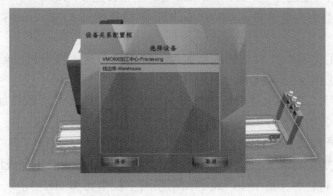

图 2-1-6　设备关系配置

图 2-1-7　上盖制造单元的仿真搭建

六、任务实施

1. 上盖零件工艺设计

（1）上盖零件图样工艺分析　上盖零件由平面、台阶面、型腔构成，上盖零件外形尺寸为 80mm×80mm×25mm，是外形规整的小零件，方形凸廓。对尺寸要求不高，要求轮廓及型腔表面粗糙度为 $Ra1.6\mu m$。加工内容为凸廓表面及型腔，所需刀具不多。

（2）上盖零件毛坯的工艺性分析　零件毛坯的外形尺寸为 80mm×80mm×25mm，上下表面平整，两侧面平行且与上下表面垂直，上下面、左右前后面，都不需加工，这些面可作为定位基准。上盖零件毛坯的材料为 2A12-T4，切削性能较好。

（3）选用设备　上盖零件选用三轴控制两轴联动立式数控铣床，可利用现有条件：立式加工中心 VMC600。

（4）确定装夹方案

1）定位基准的选择：底平面 + 前侧面 + 左侧面。

2）夹具的选择：由于上盖零件小、外形规整，只需加工上表面特征及型腔。为了便于机械手拿放，以及在加工中心线上较容易定位夹紧，选用零点夹具装夹零件，上面露出 3mm 左右，夹紧前、左两侧面，共限制 6 个自由度。

（5）选择刀具及切削用量　切削轮廓时采用先粗铣后精铣的方式，削切过程中需加切削液。选用 3 齿、$\phi 8mm$ 的高速钢立铣刀，切削深度为 4mm，分两次铣削，粗铣 3.5mm，最后的 0.5mm 随同轮廓精铣一起完成，轮廓侧周留 0.5mm 精铣余量。其相关参数计算如下：

1）粗铣：当刀具切削速度 $v_c=250$ mm/min 时，主轴转速 $n=1000v_c/(\pi d)=1000\times25/3.14\times8$ r/min≈1000r/min；当每齿进给量 $f_z=0.03$mm 时，进给速度 $v_f=f_zZ_n=0.03\times3\times1000$mm/min≈90mm/min。

2）精铣：使用的刀具以及刀具的进给速度、转速同粗铣，当每齿进给量 $f_z=0.04$mm 时，进给速度 $v_f=f_zZ_n=0.04\times3\times1000$mm/min＝120mm/min。

（6）填写工艺卡片　根据上述分析完成机械加工工艺过程卡片、数控加工刀具卡片和数控加工工序卡片的填写，上盖零件工艺文件详见附录 B。

2. 智能制造生产线设备的选择

根据上盖零件的加工要求，上盖零件是板类零件，需在加工中心上完成加工，上下料由机器人完成，零件放置在料仓中，整个生产线的控制采用主控单元和 MES 完成。根据加工数量确定上盖零件的加工方式为批量生产，结合生产工艺搭建上盖零件智能制造生产线，需一台加工中心、一台七轴机器人、立体仓库和装载主控单元的计算机。上盖零件生产线的搭建如图 2-1-8 所示。上盖零件智能制造单元设备清单见表 2-1-2。

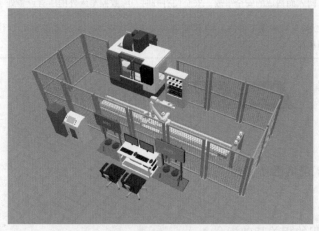

图 2-1-8　上盖零件生产线搭建

表 2-1-2　上盖零件智能制造单元设备清单

序号	设备名称	主要技术参数	数量
1	加工中心	采用数控系统 FANUC 0i、正面气动门，配有以太网接口、自动夹具和自动门，可以远程起动；机床装有内置摄像头、气动清洁喷嘴；主轴最高转速为 6000r/min；最大切削进给率为 6m/min；机床功率为 15kW	1 台
2	6 自由度工业机器人系统	国产某型号的 6 自由度工业机器人系统由工业机器人以及夹具和导轨组成；工业机器人负载为 10～20kg、臂展为 1700mm 左右；支持以太网接口，控制系统具有 16 个 I/O 点；工业机器人导轨配备第七轴的地轨，具有伺服动力源、齿轮-齿条传动、重载型导轨副、坦克链和防护罩等部分；总长度≤5m，最快行走速度＞1.5m/min，机器人滑板承重＞500kg，重复定位精度高于 ±0.2mm，导轨有效行程约为 3800mm。配有 4 套快换夹持转换手爪。机器人快换装置有握紧、松开、有无料检测功能，具备良好的气密性；机器人快换手爪放置台置于机器人第七轴侧面端。快换夹具工作台安装在靠近料仓侧并与行走轴本体端固定	1 套
3	立体仓库	工位设置 30 个，每层 6 个仓位，共 5 层，每个仓位或标准托盘配置 RFID 标签，其中 RFID 读写头安装在工业机器人夹具上；带有安全防护外罩及安全门，安全门设置工业标准的安全电磁锁；面板配备急停开关、解锁许可、门锁解除、运行等；立体仓库底层放置方料，中间两层放置 φ68mm 圆料，上面两层放置 φ35mm 圆料。最下面一层放置 80mm×80mm×25mm 的方料	1 个
4	可视化系统及显示终端	总终端显示器采用 1 台 55in 显示器，库位终端、加工过程显示终端采用 2 台 40in 显示器。可实时呈现数控机床的运行状态，工件加工情况（加工前、加工中、加工后），工件加工效果（合格、不合格），加工日志，数据统计等	2 台
5	中央控制系统	中央控制系统包含 PLC 电气控制系统及 I/O 通信系统，主要负责周边设备及机器人控制，实现智能制造单元的流程和逻辑总控。主控 PLC 采用 SIMATIC S7-1200 的 CPU 1215C DC/DC/DC，配有 Modbus TCP/IP 通信模块，并配置 16 路 I/O 模块，16 口工业交换机，外部配线接口必须采用航空插头，方便设备拆装移动	1 套
6	MES 管控软件	能实现加工任务创建、管理，立体仓库管理和监控，机床起停、初始化和管理，加工程序管理和上传，在线检测实时显示和刀具补偿修正；智能看板功能可以实时监控设备、立体仓库信息以及机床刀具状态等；可完成工单下达、排程、生产数据管理、报表管理等工作任务	1 套

（续）

序号	设备名称	主要技术参数	数量
7	安全防护系统	设置安全围栏及带工业标准安全插销的安全门，用来防止出现工业机器人在自动过程中由于人员意外闯入而造成的安全事故。安全门打开时，除数控车床外的所有设备处于下电状态	1套
8	CAD/CAM软件	CAD/CAM软件根据工件的CAD模型进行加工轨迹规划，生成零件加工G代码后处理程序，并上传至机床	1套

任务2.2 上盖加工前的准备

一、任务描述

完成上盖铣削加工前的准备工作。

二、学习目标

1. 掌握机器人编程的相关基础指令。
2. 掌握机器人程序流程控制及编程的策略。
3. 熟练掌握料库备料和中央控制单元的准备工作。

三、能力目标

1. 会运用机器人程序流程控制指令编写程序。
2. 完成上盖上、下料的机器人示教程序。

四、知识学习

> 活页内容提醒：读者可对应替换教材中的数控铣床或加工中心，如把立式加工中心VMC600替换成立式加工中心VMC650或TOM850。

上盖零件加工前准备工作包括数控机床、工业机器人、料仓备料、中央控制单元以及三坐标的准备工作。

1. 数控机床的准备工作

在智能制造系统智能加工上盖零件前，数控机床须做好充分的准备工作，包括加工中心的设备上电操作、手动对刀、自动开关门和自动夹具测试、摄像头的调整等。

本书选用的是立式加工中心VMC600，采用FANUC 0i数控系统，如图2-2-1所示。夹具为气动台虎钳，采用气动控制，如图2-2-2所示。

图2-2-1 立式加工中心VMC600

图2-2-2 气动台虎钳

立式加工中心 VMC600 技术参数详见表 2-2-1 。

表 2-2-1　立式加工中心 VMC600 的技术参数

序号	主要技术参数	参数值
1	X 轴行程/mm	600
2	Y 轴行程/mm	410
3	Z 轴行程/mm	510
4	工作台面积/mm²	800 × 400
5	T 形槽槽面积/mm²	3 × 18 或 8 × 125
6	主轴最高转速/(r/min)	6000
7	主轴孔锥度	BT40
8	X、Y、Z 轴快速位移/(m/min)	12、12、10
9	最大切削进给率/(m/min)	6
10	刀具最大长度/mm	250
11	定位精度/mm	0.008
12	重复定位精度/mm	0.004
13	设备尺寸/mm（长 × 宽 × 高）	2200 × 2216 × 2396
14	机床功率/kW	15

（1）加工中心坐标系　假定工件静止不动，刀具相对于工件运动，规定增大工件与刀具之间距离的方向为机床某一运动部件坐标运动的正方向。

1）Z 轴。产生切削力的主轴轴线为 Z 轴，以刀具远离工件的方向为正方向，如图 2-2-3a 所示。

2）X 轴。单立柱立式加工中心的观察方向：眼睛→主轴头→立柱，水平向右方向为 X 轴正方向，如图 2-2-3a 所示。

3）Y 轴。根据已确定的 X、Z 轴，按右手笛卡儿直角坐标系规则来确定，如图 2-2-3b 所示。

（2）基本编程指令　加工中心和数控机床均选用 FANUC 0i 数控系统，其程序命名方法和结构组成与数控机床编程方法一致，此处不再赘述。

1）工件坐标系的建立（G54 ~ G59）。在编制数控程序时，需要在加工图样上选择一个点建立坐标系，这个点称为编程原点。

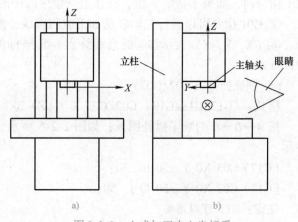

图 2-2-3　立式加工中心坐标系

编程原点是人为设定的，可以为任意一点，但为了编程计算、检查的方便，一般将该点设在工件的对称中点或某一特殊点。该点可以用 G54 ~ G59 来设定，如图 2-2-4 所示。

2）绝对编程/增量编程（G90/G91）。
G90 表示坐标系中目标点的坐标尺寸，G91 表示待运行的位移量。G90/G91 适用于所有坐标系。该指令要与其他指令配合，不能单独使用。在绝对编程时，所有点的坐标均相对于工件坐标原点，是确定的值；在增量编程时，目标编程点的坐标值为从起点到终点的变化值，因此也称为相对编程。

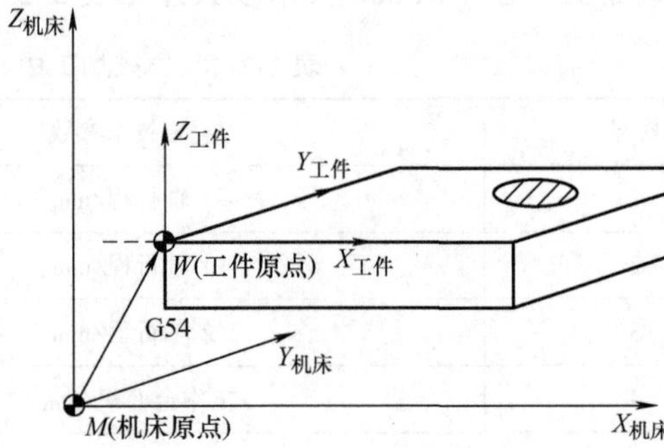

3）平面选择（G17/G18/G19）。在任务 1.2 台阶轴加工前的准备中已讲解，此处不再赘述。

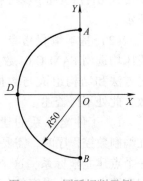

图 2-2-4　数控机床的坐标系

4）快速定位（G00）。

格式：G00 X Y（Z）；

其中，X、Y、（Z）表示指定移动目标的终点坐标。

说明：① G00 指令使数控机床以最大进给速度 $v_{fmax}=10000mm/min$ 移动。因此该指令一般不用来加工工件。在点动状态下，$v_{fmax}=5000mm/min$，实际移动速度最大值为 4995mm/min。

② G00 指令在移动时，先沿着与坐标轴呈 45°的直线移动，然后沿着与坐标轴平行的直线移动到终点。

③ 一般不使用 G00 X＿ Y＿ Z＿，即三坐标轴都发生移动，以防止在运动时发生撞刀。若在移动过程中，刀具可能与工件相碰，则可以设定中间点，用两个 G00 程序段来表示；或者将刀具抬高，使刀具在工件上方移动到终点的（X，Y）处，再移动到终点的（Z）处。

④ G00 ~ G04 指令中"0"可以省略，例如 G04 可省略为 G4。

5）直线插补（G01）。

格式：G01 X Y Z F M S；

说明：① 在第一次出现 G01 指令时，必须给定 F 值，否则将发生 011 号报警。在以后使用 G01 指令时，如果不指定 F 值，将按上一程序段中的 F 值进给。

② G01 指令可以进行三轴联动加工空间直线，使用时注意用来加工的刀具是否可进行加工。

③（X，Y，Z）表示移动的直线终点。其坐标的表示可以用绝对坐标（G90）或增量坐标（G91）。

6）圆弧插补（G02/G03）。

格式：（G17/G18/G19）G02/G03 X Y（Z）R/I J（K）F M S；

按 $A{\rightarrow}D{\rightarrow}B$ 的顺序插补圆弧，如图 2-2-5 所示，可以用以下方法表示：

（G17）G03 X0 Y－50 R－50；

（G17）G03 X0 Y－50 I0 J－50；

注意：G17 可以省略。

说明：① 本系统只能插补平面内的圆弧（包括整圆），即该圆弧必须在 XOY、XOZ、YOZ 平面内，分别用 G17、G18、G19 来选择。不能插补空间的圆弧。系统接电后默认为 G17 状态，即已经选择了 XOY 平面。

图 2-2-5　圆弧切削示例

② 判断 G02、G03 的方法：由右手笛卡儿坐标系来判断与圆弧所在平面垂直的第三轴，沿着该轴负方向观察要加工的圆弧，如果该圆弧沿顺时针方向旋转，用 G02 指令；反之，用 G03 指令。

③ R 值为圆弧半径，由所插补的圆弧对应的圆心角 α 决定，当 $0° \leqslant \alpha < 180°$ 时，R 为正值；当 $180° \leqslant \alpha < 360°$ 时，R 为负值；当 $\alpha = 360°$ 时，即所插补的圆弧为整圆时，不能用 R 编程，只能用 I、J（K）来编程。I、J（K）称为圆心编程，是指圆心相对于圆弧起点的坐标，对于所有的圆弧都可以采用圆心编程。

④ 如果在插补圆弧的程序段中没有 R 值，将被视为直线移动。

⑤ 如果在插补圆弧的程序段中没有 X、Y（Z）值，但若采用圆心坐标编程，则走出的图形为整圆；如果采用半径 R 编程，则刀具不移动。如果圆心坐标编程和半径 R 编程同时被使用，则程序按半径 R 运行，I、J、K 被忽略。

⑥ 程序段中的进给速率与实际速率的误差 $\leqslant \pm 2\%$，但该速率是刀具补偿后沿圆弧测得的。

⑦ 如果被编程的轴不在所选择的平面中，系统将报警。

7）刀具半径补偿指令。

格式：G41/G42 D × × × G01/G00 X Y F M S；

含义：G41 表示左刀具补偿；G42 表示右刀具补偿；G40 表示取消刀具补偿。

建立刀具半径补偿的原因是在加工轮廓（包括外轮廓、内轮廓）时，由刀具的刃口产生切削，而在编制程序时，是以刀具中心来编制的，即编程轨迹是刀具中心的运行轨迹，这样加工出来的实际轨迹与编程轨迹偏差一个刀具半径，造成加工尺寸比实际尺寸小。为了解决这个问题，可以建立刀具半径补偿，使刀具在加工工件时，能够自动偏移编程轨迹一个刀具半径，即刀具中心的运行轨迹偏移编程轨迹一个刀具半径，确保正确加工。

判别左刀具补偿（G41）/右刀具补偿（G42）的方法是假定工件不动，沿着刀具的前进方向观察刀具与工件的位置关系，如果刀具在工件的左侧，则为左刀具补偿，用指令 G41 表示；反之，用指令 G42 表示。

刀具半径补偿的过程包括刀具半径补偿建立、刀具半径补偿执行、刀具半径补偿撤销三步，如图 2-2-6 所示。

① 刀具半径补偿建立是使刀具从起点接近工件，在编程轨迹基础上，刀具中心向左（G41）或向右（G42）偏离一个偏置量的距离。例如，图 2-2-6 中要加工的部位是线段 AB，刀具当前在 T 点，编程轨迹是 $T \rightarrow A \rightarrow B$，而实际加工时，刀具的中心轨迹为 $T \rightarrow A' \rightarrow B'$，因此，程序段可以表示为

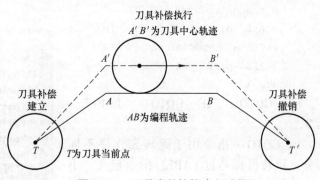

图 2-2-6 刀具半径补偿建立过程

G41 D02 G00/G01 X Y；

G01 X Y；

② 刀具半径补偿执行是使刀具中心轨迹与编程轨迹始终偏离一个偏置量的距离。

③ 刀具半径补偿撤销是使刀具撤离工件时，刀具中心轨迹终点与编程轨迹终点（如起刀点）重合，即不能进行加工。

说明：①建立刀具半径补偿时只能在直线段建立，即使用 G00 或 G01，刀具中心在 *XOY* 平面移动的过程中实现偏移，在 *Z* 轴方向上移动时不能建立刀具半径补偿。考虑实际情况选择使用 G00 或 G01。刀具半径补偿的值在 D×××代码中赋予，与所使用的 D 代码数字大小没有关系，但同一补偿代码只能对一把刀具使用（D001～D400），其中 D000 默认为 0。

②建立刀具半径补偿时，当前刀具中心点到建立刀具半径补偿的点之间的距离必须大于刀具的半径。在上面的示例中，即刀具中心 *T* 点到 *A* 点的距离大于刀具半径。

③刀具半径补偿建立后，只能沿着单一方向加工，即沿顺时针或逆时针方向加工工件。刀具半径补偿的建立与撤销不能交叉、嵌套，要一一对应。

④在加工多层轮廓时，建议在加工每层时都进行刀具半径补偿的建立及撤销。

2. 工业机器人的准备工作

工业机器人常用编程控制指令分为运动、系统、流程和 I/O 四种，这里主要介绍流程控制指令的使用。

（1）IF…指令　IF…指令用于条件跳转控制，类似于 C++ 中的 IF 语句。IF 条件判断表达式必须是 BOOL 类型。每一个 IF…指令必须以关键字 END_IF 作为条件控制结束。

1）IF…THEN…ENDIF 格式指令示例：

```
IF changetool. val =0 THEN
  CALL  pick_ put_ double ()
END_ IF
```

2）IF…THEN…ELSE…END_ IF 格式指令示例：

```
IF changetool. val =0 THEN
  CALL  pick_ put_ double ()
ELSE
CALL  pick_ put_ spare ()
END_ IF
```

3）IF…THEN…ELSEIF…THEN…END_ IF 格式指令示例：

```
IF changetool. val =0 THEN
  CALL  pick_ put_ double ()
ELSEIF changetool. val =0 THEN
  CALL  pick_ put_ spare ()
END_ IF
```

（2）GOTO…、IF…GOTO…、LABEL…指令

1）GOTO…指令用于跳转到程序不同部分，跳转目标通过 LABEL 指令定义。不允许从外部跳转进入内部程序块，内部程序块可能是 WHILE 循环程序块或者是 IF 程序块。

2）IF…GOTO…指令相当于一个缩减的 IF 程序块。IF 条件判断表达式必须是 BOOL 类型。假如条件满足，程序执行 GOTO 跳转命令，其跳转目标必须由 LABEL 指令定义，如图 2-2-7 所示。

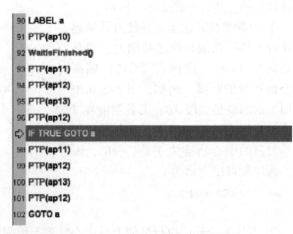

图 2-2-7　IF…GOTO…指令的使用

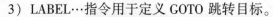

3) LABEL…指令用于定义 GOTO 跳转目标。

IF…GOTO…格式指令示例：

图 2-2-7 中，当程序运行至第 97 行，即"IF TRUE GOTO a"处时，程序忽略后面的指令，直接跳至第 90 行，并继续运行。

(3) WHILE…DO…END_WHILE 指令　WHILE…DO…END_WHILE 指令在满足条件的时候循环执行子语句。循环控制表达式必须是 BOOL 类型。该指令必须以关键字 END_WHILE 作为循环控制结束。

WHILE…DO…END_WHILE 格式指令示例：

```
WHILE TRUE DO
    PTP (ap0)
    WaitTime (1000)
    PTP (ap1)
END_ WHILE
```

(4) LOOP…DO…END_ LOOP 指令　该指令为循环次数控制指令，如图 2-2-8 所示。图中，该指令执行两点之间的循环运动，且循环次数为 10。

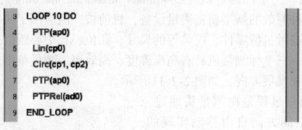

图 2-2-8　LOOP…DO…END_LOOP 指令的使用

3. 料仓备料的准备工作

料仓备料的准备工作与任务 1.2 中台阶轴的料仓备料的准备工作相同，此处不再赘述。

4. 中央控制单元（PLC）的准备工作

PLC 的配置、功能和子程序流程的准备工作与任务 1.2 中台阶轴 PLC 的配置、功能和子程序流程的准备工作相同，此处不再赘述。

(1) PLC 子程序流程

1) 盘点仓库，启动系统。

2) 指令解析，取出毛坯件。

3) 请求下载加工中心加工程序。

4) 加工中心开始加工，RFID 状态更新。

5) 成品入库。

(2) PLC 组态

1) PLC 与 HMI 组态　PLC 与 HMI 连接实现控制系统操作运行及状态信息监控，如图 2-2-9 所示。

2) PLC 与 RFID 组态　PLC 与 RFID 读卡器模块通信实现电子标签数据的写入与读出，如图 2-2-10 所示。

图 2-2-9　PLC 与 HMI 组态

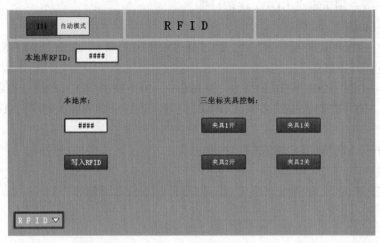

图 2-2-10　PLC 与 RFID 组态

5. 三坐标的准备工作

（1）三坐标测量机　三坐标测量机（Coordinate Measuring Machining，CMM）是 20 世纪 60 年代后期发展起来的一种高效的新型精密测量设备，目前被广泛应用于机械、电子、汽车、飞机等工业领域，它可测量各种机械零件、模具等的尺寸、孔位、孔中心距以及轮廓，特别适用于测量带有空间曲面的工件。三坐标测量机具有高准确度、高效率、测量范围大的优点，现已成为几何量测量仪器的一个主要发展方向，如图 2-2-11 所示。

三坐标测量机的测量过程是由测量头通过三个坐标轴导轨在三个空间方向自由移动实现的，在测量范围内可到达任意一个测量点。三个轴的测量系统可以测量测量点在 X 轴、Y 轴、Z 轴三个方向上的精确坐标位置。根据被测几何形面上若干测量点的坐标值可计算出待测的几何尺寸和几何误差。此外，在测量工作台上，还可以配置绕 Z 轴旋转的分度转台和绕 X 轴旋转的带顶尖座的分度头，以便于螺纹、齿轮、凸轮等的测量。

（2）三坐标测量机的分类

1）按精度分类可分为精密型万能测量机和生产型测量机。

① 精密型万能测量机（UMM）是一种计量型三坐标测量机，其精度可以达 $1.5\mu m + 2L/1000$，一般放在有恒温条件的计量室内，用于精密测量，分辨率为 $0.5\mu m$、$1\mu m$ 或 $2\mu m$，甚至达到 $0.2\mu m$ 或 $0.1\mu m$。

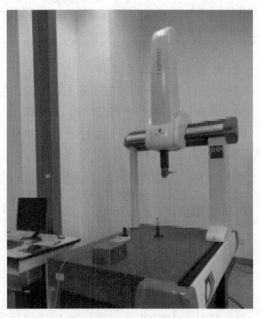

图 2-2-11　三坐标测量机

② 生产型测量机（CMM）一般放在生产车间，用于生产过程的检测，并可进行末道工序的精加工，分辨率为 $5\mu m$ 或 $10\mu m$，有的小型生产型测量机分辨率能达到 $1\mu m$ 或 $2\mu m$。

2）按 CMM 的测量范围分类可分为小型、中型和大型坐标测量机。

① 小型坐标测量机在其最长一个坐标轴方向（一般为 X 轴方向）上的测量范围小于500mm，主要用于小型精密模具、工具和刀具等的测量。

② 中型坐标测量机在其最长一个坐标轴方向上的测量范围为 500～2000mm，是应用最多的机型，主要用于箱体、模具类零件的测量。

③ 大型坐标测量机在其最长一个坐标轴方向上的测量范围大于 2000mm，主要用于汽车与发动机外壳、航空发动机叶片等大型零件的测量。

3）按 CMM 的结构形式分类可分为移动桥式、固定桥式、龙门式、悬臂式、立柱式等。

（3）三坐标测量机的工作原理　三坐标测量机是基于坐标测量的通用数字测量设备。它首先将各被测几何元素的测量转化为对这些几何元素上一些点坐标位置的测量，在测得这些点的坐标位置后，再经过数学运算求出其尺寸和几何误差。

要测量工件上一圆柱孔的直径，可以在垂直于孔轴线的截面 I 内，触测内孔壁上三个点（点1，2，3），根据这三点的坐标值就可计算出孔的直径及圆心坐标（0，1）；如果在该截面内触测更多的点（点1，2，…，n，n 为测点数），则可根据最小二乘法或最小条件法计算出该截面圆的圆度误差；如果对多个垂直于孔轴线的截面圆（Ⅰ，Ⅱ，…，m，m 为测量的截面圆数）进行测量，则根据测得点的坐标值可计算出孔的圆柱度误差以及各截面圆的圆心坐标，再根据各圆心坐标值又可计算出孔轴线位置；如果再在孔端面 A 上触测三点，则可计算出孔轴线对端面的位置度误差。由此可见，CMM 的工作原理使其具有很大的通用性。从原理上说，它可以测量任何工件几何元素的参数。

（4）三坐标测量机的组成　三坐标测量机是典型的机电一体化设备，它由机械系统和电子系统两大部分组成。

1）机械系统一般由三个正交的直线运动轴构成。X 轴方向导轨系统安装在工作台上，移动桥架横梁是 Y 轴方向导轨系统，Z 轴方向导轨系统安装在中央滑架内。三个方向上均装有光栅尺用以测量各轴位移值。人工驱动的手轮及机动、数控驱动的电动机一般都在各轴附近。用来触测被检测零件表面的测量头装在 Z 轴端部。

① 早期的三坐标测量机工作台一般是由铸铁或铸钢制成的，近年来，各生产厂家已广泛采用花岗岩来制造工作台，这是因为花岗岩变形小、稳定性好、耐磨损、不生锈，且价格低廉、易于加工。有些三坐标测量机装有可升降的工作台，以扩大 Z 轴的测量范围，还有些三坐标测量机装有旋转工作台，以扩大测量功能。

② 导轨是测量机的导向装置，它直接影响测量机的精度，因而要求其具有较高的直线精度。在三坐标测量机上使用的导轨有滑动导轨、滚动导轨和气浮导轨。滚动导轨应用较少是因为滚动导轨的耐磨性较差，刚度也较滑动导轨低。在早期的三坐标测量机中，许多机型采用的是滑动导轨。滑动导轨精度高，承载能力强，但摩擦阻力大，易磨损，低速运行时易产生爬行，也不宜在高速下运行，有逐步被气浮导轨取代的趋势。目前，多数三坐标测量机已采用空气静压导轨（又称气浮导轨或气垫导轨），它具有许多优点，例如制造简单、精度高、摩擦力极小、工作平稳等。

气浮技术的发展使三坐标测量机在加工周期和精度方面均取得了很大的突破。目前不少生产厂家在寻找高强度轻型材料作为导轨材料，有些已选用陶瓷或高模量型的碳素纤维作为移动桥架和横梁上运动部件的材料。此外，为了加速热传导、减少热变形，ZEISS 公司采用带涂层的抗时效合金来制造导轨，使其时效变形极小且各部分的温度更加趋于均匀一致，从而使整机的测量精度得到了提高，而对环境温度的要求却又可以放宽些。

2）电子系统一般由光栅计数系统、测量头信号接口和计算机等组成，用于获得各测量点的坐标数据，并对数据进行处理。

（5）三坐标测量机的测量系统　三坐标测量机的测量系统由标尺系统和测量头系统构成，它们是三坐标测量机的关键组成部分，决定着其测量精度的高低。

1）标尺系统是用来测量各轴的坐标数值的，目前三坐标测量机上使用的标尺系统种类很多，它们与在各种机床和仪器上使用的标尺系统大致相同，按其性质可以分为机械式标尺系统（如精密丝杠加微分鼓轮、精密齿条及齿轮、滚动直尺）、光学式标尺系统（如光学读数刻线尺、光学编码器、光栅、激光干涉仪）和电气式标尺系统（如感应同步器、磁栅）。根据对国内外生产 CMM 所使用的标尺系统的统计分析可知，使用最多的是光栅，其次是感应同步器和光学编码器。有些高精度 CMM 的标尺系统采用了激光干涉仪。

2）测量头系统是用测量头来拾取信号的，因而测量头的性能直接影响测量精度和测量效率，没有先进的测量头就无法充分发挥三坐标测量机的功能。在三坐标测量机上使用的测量头，按结构原理可分为机械式、光学式和电气式等；而按测量方法又可分为接触式和非接触式两类。

测量头附件为了扩大测量头功能、提高测量效率以及探测各种零件的不同部位，常需为测量头配置各种附件，例如测量端、探针、连接器、回转附件等。

① 对于接触式测量头，测量端是与被测工件表面直接接触的部分，对于不同形状的表面需要采用不同的测量端。

② 探针是可更换的测量杆，探针对测量能力和测量精度有较大影响，在选用时应注意：在满足测量要求的前提下，探针应尽量短；探针直径必须小于测量端直径，在不发生干涉的条件下，应尽量选大直径探针；在需要长探针时，可选用硬质合金探针，以提高探针刚度，若需要特别长的探针，可选用质量较轻的陶瓷探针。

③ 为了将探针连接到测量头上、测量头连接到回转体上或测量机主轴上，需采用各种连接器。常用的有星形探针连接器、台阶轴、星形测量头座等。

④ 对于有些工件表面的检测，例如一些倾斜表面、整体叶轮叶片表面等，仅用与工作台垂直的探针探测将无法完成要求的测量，这时就需要借助一定的回转附件，使探针或整个测量头回转一定角度再进行测量，从而扩大测量头的功能。目前在测量机上使用较多的回转附件为 Renishaw 公司生产的产品。

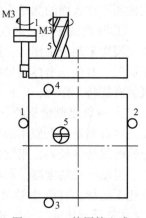

图 2-2-12　使用偏心式
寻边器对刀

五、技能训练

1. 设备上电前准备

设备上电前准备与任务 1.2 中设备上电前准备相同，此处不再赘述。

2. 设备上电后的操作

（1）加工中心的操作

1）数控机床手动对刀。本项目手动对刀采用试切法零点偏移设置工件零点。

① X 轴方向对刀：安装寻边器于主轴上，工作方式选择旋钮旋至“手轮连续”，此时，可通过示教器实现坐标轴的移动。快速移动工作台和主轴，寻边器测量头靠近工件的左侧，如图 2-2-12 中位置 1，直到寻边器上下两部分重合，记下此时

X轴方向对刀

机床坐标系中的 X 坐标值，$X_1 = -393.834$；抬起寻边器至工件上表面之上，快速移动工作台和主轴，测量头靠近工件右侧，如图 2-2-12 中位置 2，直到寻边器上下两部分重合，记下此时机械坐标系中的 X 坐标值，$X_2 = -283.384$。

据此可得工件坐标系原点 W 在机床坐标系中的 X 坐标值为 $[(-393.834)+(-283.384)]/2 = -338.609$。

② Y 轴方向对刀：抬起寻边器至工件上表面之上，快速移动工作台和主轴，测量头靠近工件前侧，如图 2-2-12 中位置 3，直到寻边器上下两部分重合，记下此时机械坐标系中的 Y 坐标值，$Y_3 = -292.997$。

Y 轴方向对刀

抬起寻边器至工件上表面之上，快速移动工作台和主轴，测量头靠近工件后侧，如图 2-2-12 中位置 4，直到寻边器上下两部分重合，记下此时机械坐标系中的 Y 坐标值，$Y_4 = -201.637$。

据此可得工件坐标系原点 W 在机床坐标系中的 Y 坐标值为 $[(-292.997)+(-201.637)]/2 = -247.317$。

Z 轴方向对刀

③ Z 轴方向对刀：Z 轴方向对刀通过刀具试切法来确定。

以 $\phi 8$ 的立铣刀 Z 轴方向对刀为例。安装 $\phi 8$ 的立铣刀于机床主轴，刀具应处在今后切除部位的上方，如图 2-2-12 中位置 5，转动手摇脉冲发生器使主轴下降，待刀具接近工件表面时，倍率选小，一格一格地转动手摇脉冲发生器。当发现工件表面切出一个圆圈时，停止手摇脉冲发生器的进给，记下此时的 Z 轴机床坐标值，$Z_1 = -394.841$。反向转动手摇脉冲发生器，待确认主轴是上升的，把倍率选大，继续主轴上升。

工作方式选择旋钮旋至"手动方式"，单击"OFFSET"按钮，屏幕切换至工件坐标系界面，把 $\phi 8$ 的立铣刀的对刀数据（-338.609，-247.317，-394.841）输入到 G54 中。

2）自动开关门。为更好配合工业机器人自动上下料，需要加工中心能自动开关。这项要求可通过数控程序来实现。加工中心自动开关门程序详见表 2-2-2。

表 2-2-2 加工中心自动开关门程序

程　序	说　明
O6001;	程序名
G4 X1;	暂停 1s
M17;	关闭防护门
G28 X0.;	X 轴返回参考点
G28 Y0.;	Y 轴返回参考点
G28 Z0.;	Z 轴返回参考点
M03 S500;	主轴正转，速度 500r/min
G4 X5;	暂停 5s
M05;	主轴停止
M16;	打开防护门
M30;	程序结束

3）加工中心内摄像头的调整。智能制造生产线上常常需要配备监控系统来进行实时监控，加工中心以网络通信为基础，在加工中心内安装摄像头，利用视频、传感器等监控技术，实时采集加工中心的工作状态，远程监控加工中心的动作，以方便掌握加工情况，对远程监控进行理论

分析。

加工中心内摄像头以及气动清洁喷嘴的安装与调试具体要求：

① 通过编写 PLC 程序或者设置机床参数实现定时吹气、随时手动吹气。

② 通过系统摄像头参数界面，设置摄像头通信参数，能够清晰显示图像。

（2）工业机器人操作　工业机器人新建程序、机器人模式切换、网络连接的操作过程与任务 1.2 中机器人新建程序、机器人模式切换、网络连接的操作过程相同，此处不再赘述。

（3）三坐标测量机的使用方法

1）测量前的准备：① 检查空气轴承压力是否足够；② 安装工件。

2）三坐标测量机测量头的选择及安装：① 将适当的测量头安装于 Z 轴承接器上；② 检视 Z 轴是否会自动滑落（否则应调整红色压力平衡调整阀）；③ 锁定各轴至适当位置。

3）三坐标测量机的操作：① 打开处理机电源；② 打开打印机开关；③ 参考操作手册，选择所需功能指令；④ 进行测量，并记录测量值。

4）三坐标测量机测量完成后的注意事项：① Z 轴移至原来位置，锁定；② X、Y 轴各移至中央，锁定；③ 关闭电源及压力阀；④ 取下测量头；⑤ 进行适当的保养。

3. 关闭设备

（1）加工中心关机　按下数控系统关机和急停按钮，在设备后面关闭电源。

（2）工业机器人关机　关闭工业机器人的伺服按钮，待绿色指示灯熄灭后，电源旋钮逆时针旋转 90°断开电源，关机完成。通常在关机之后，按下急停按钮防止他人误操作。

（3）计算机和主控柜关机　关闭 MES 和相关操作软件并注意保存资料，单击"关闭计算机"按钮；关闭主控柜的"使能"和电源开关，完成关机，按下"急停"按钮。

（4）关闭总电源空气开关　在前面所有设备均关闭的前提下，关闭总电源空气开关。

六、任务实施

工业机器人系统共配备了 3 个手爪，如图 1-2-38 所示。上盖上下料程序包括取手爪 2 示教程序、取上盖毛坯示教程序、加工中心上料示教程序、加工中心下料示教程序和放手爪 2 示教程序。

上盖上下料
示教程序

任务2.3 上盖零件首件试切

一、任务描述

运用立式加工中心 VMC600，完成如图 2-0-1 所示上盖零件的首件试切。

二、学习目标

1. 掌握 UG/CAM 模块型腔铣和平面铣加工操作。

2. 掌握 UG/CAM 模块中切削模式的选择，切削参数、非切削移动速度、切削速度和进给率的设置。

3. 掌握 UG/CAM 模块通用三轴铣加工后处理。

4. 掌握 UG/CAM 模块加工仿真的使用方法。

三、能力目标

1. 会根据零件结构特征和工艺要求合理选择加工方法。

2. 会合理选用切削模式、切削深度，合理设置切削参数、非切削移动速度、切削速度和进给率。

3. 会使用仿真功能判断刀具轨迹的合理性。

四、知识学习

1. UG 三轴加工介绍

Siemens NX 是集 CAD/CAM/CAE 于一体的集成化软件，在加工模块中可以对由 Siemens NX 建模模块或者其他 CAD 软件建立的数据模型（片体、实体等）直接生成精确的刀具路径，并可通过后处理产生应用于各式数控机床的 NC 加工程序。

Siemens NX 的加工功能是由多个加工模块组成的，如图 2-3-1 所示。

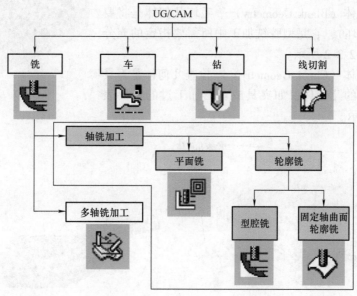

图 2-3-1　Siemens NX 加工模块构成

Siemens NX 加工功能主要包括以下几点：

1）用户可根据零件结构、表面形状、精度要求选择 Siemens NX 系统中所提供的加工类型。

2）每种加工类型中包含多个加工模板，应用加工模板可快速建立加工操作。

3）在交互操作过程中，用户可在图形方式下编辑刀具路径，并进行模拟加工。

4）生成的刀具路径可通过后处理生成用于指定数控机床的程序。

2. 加工坐标系（MCS）

通常情况下，建模过程中是不考虑 MCS 的方位与方向的，初始 MCS 的方向与绝对坐标系的方向一致。

进入加工环境后，要观察 MCS 的 *ZM* 轴方向是否为将来加工时的刀轴方向。如果 *ZM* 轴方向与刀轴方向不一致，则必须做如下调整：

1）单击工具条中"加工几何体创建" 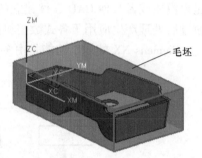按钮，打开"加工几何体创建"对话框。

2）在"加工几何体创建"对话框中选择第一项"MCS"，并且为新建立的MCS起个名字（以字母开头），例如：MCS_TOP。

3）在"MCS创建"对话框中可以调整MCS的位置及方向，调整 *ZM* 轴的方向使其与刀轴方向一致。

4）在创建新加工操作时，一定要选择"父组"使用几何体的名字为刚才所建立的"MCS_TOP"。

3. 创建加工几何体

（1）部件几何体（Part Geometry） 部件几何体是加工完成后的最终零件，它控制刀具的切削深度和范围。

为避免刀具的碰撞和过切，应当选择整个部件（包括不切削的面）作为部件几何体，然后使用指定切削区域 和指定修剪边界 来限制要切削的范围。

（2）毛坯几何体（Blank Geometry） 毛坯几何体是将要加工的原材料（毛坯），它是型腔铣加工中所需要指定的充分非必要元素，如图2-3-2所示。

（3）检查几何体（Check Geometry） 检查几何体是刀具在切削过程要避让的几何体，如夹具或者已加工过的重要表面，如图2-3-3所示。

图2-3-2 毛坯几何体

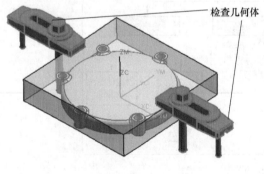
a) 加工前

b) 加工后

图2-3-3 检查几何体

注意：部件与毛坯在具体某个加工操作中也可以单独建立，但通常情况下，建议在创建加工操作前，把部件与毛坯在"加工几何体"中创建，这样对于每个加工操作来讲就不必再重复选取。更为重要的是必须在同一"加工几何体"下才能利用残余毛坯（IPW）来进行二次开粗铣削。

"加工几何体"中MCS是位于顶层的，而"MILL_GEOM""WORKPIECE"等加工几何体位于其下，各加工操作位于相应的"MILL_GEOM"或者"WORK-

图2-3-4 "加工几何体"与加工操作

PIECE"中，并且继承了父组"MCS""MILL_GEOM""WORKPIECE"所定义的各特性，如图 2-3-4 所示。

4. 刀具组创建

刀具创建前先要确定其类型及名称，需要注意的是刀具的名称要能体现出该刀具的类型及基本参数。例如，"D12R6"表示刀具直径为 12mm、底角半径为 6mm 的铣刀，由于底角半径等于刀具直径的一半，可知这是一把 φ12 的球刀。根据刀具底角半径的不同，铣加工刀具类型可以分为平底刀、圆鼻刀（牛鼻刀）和球刀。刀具的参数设置见表 2-3-1。

表 2-3-1 刀具的参数设置

刀具类型	刀具直径	底角半径（下半径）
平底刀	D	$R=0$
圆鼻刀（牛鼻刀）	D	$R<0.5D$
球刀	D	$R=0.5D$

注意：平底刀、圆鼻刀适合进行平面加工，在进行型腔铣层加工开粗铣削时应选择此类刀具。如果工件的最小凹圆角未倒出，则加工时应选择圆鼻刀进行加工。如果选择平底刀则会使凹圆角的材料在层加工时过切。

5. "加工方法"参数确定

一般来说数控铣加工都要经过粗加工→半精加工→精加工的加工工艺过程，因此可以统一设置各过程的加工余量及刀具进给率等参数。

Siemens NX CAM 默认的加工方法包括"MILL_ROUGH"（粗加工）、"MILL_SEMI_FINISH"（半精加工）和"MILL_FINISH"（精加工）。

对这三种加工方法可以分别设置其加工操作中的"进给率""刀具路径显示颜色"以及"刀具路径显示方式"，如图 2-3-5 所示，通过加工操作导航器中对加工方法的显示，可以很明确地看到整个加工过程中加工操作的顺序，便于对全部的加工操作做出准确的判断和分析。

6. 三轴铣加工操作

1）型腔铣加工的特点如下：

① 型腔铣主要用于任意形状的型腔或型芯的粗加工。

② 型腔铣通过刀轴固定（垂直切削层），以逐层切削的方式来创建加工刀具路径。对于斜壁或者曲面采用该方式加工会留下层加工余量。

③ 型腔铣中，通过部件几何体与毛坯几何体确定默认的切削范围与加工深度。

④ 与平面铣相比较，型腔铣可以加工底面是曲面或侧壁不垂直底面的部件。

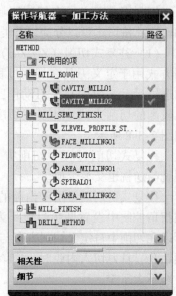

图 2-3-5 加工方法显示

2）型腔铣加工环境介绍。图 2-3-6 所示为型腔铣加工中各类切削参数的定义。

每一类参数的定义都是为更加有效地完成本次加工操作，但并不是每个参数项都必须定义，按 Siemens NX CAM 的默认值往往能得到更为精确的刀具轨迹。切削参数的定义需要根据实际加工情况而定。

刀具轨迹显示选项 按钮可以为刀具轨迹定义特定的颜色及显示 F 值等，以便于判定刀具轨迹的正确性。

用户化界面定义是由用户定义某些加工选项在界面中是否显示，这样就可以定义符合自己加工习惯的界面。

图 2-3-7 所示为 "刀具轨迹管理" 工具栏，包括生成、回放、确认、列表按钮。

图 2-3-6 型腔铣切削参数的定义

图 2-3-7 "刀具轨迹管理" 工具栏

注意：已经定义了各项参数的加工操作可以生成刀具轨迹，生成轨迹的计算过程可能比较慢。如果需再次观察刀具轨迹时，可以单击回放按钮重新显示一遍，而不用重新生成刀具轨迹。对完成的轨迹可以单击确认按钮，在对其进行逐步地分析和 2D 模拟加工。

7. 切削模式

切削模式定义了在切削区域中刀位的移动轨迹，按形式可以分为以下类型。

（1）往复式切削（Zig-Zag） 往复式切削方式用于定义刀具在切削过程中保持连续的进给运动，很少有抬刀动作，是一种效率比较高的切削方式。往复式切削的刀具轨迹如图 2-3-8 所示。

往复式切削过程中切削方向交替变化，顺铣与逆铣也交替变换。

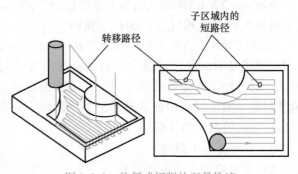

图 2-3-8 往复式切削的刀具轨迹

往复式切削通常用于内腔的粗加工，并且步进移动尽量在拐角控制中设置圆角过渡。为减小切削过程机床的振动，可以在切削中自定义切削方向与 X 轴之间有角度。如果没有预钻孔，首刀切入内腔时，应该采用斜线下刀，斜线的坡度一般不大于 5°。

（2）单向切削（Zig） 单向切削方式是建立平行且单向的刀具轨迹，它能始终维持一致的顺铣或者逆铣切削，并且在连续的刀具轨迹之间没有沿轮廓的切削。

刀具在切削轨迹的起点进刀，切削到切削轨迹的终点，然后刀具回退至转移平面高度，转移到下一行轨迹的起点，

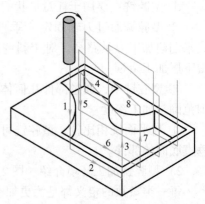

图 2-3-9 单向切削的刀具轨迹

刀具开始以同样的方向进行下一行切削。单向切削的刀具轨迹如图 2-3-9 所示。

　　单向切削方法在每一切削行之间都要抬刀到转移平面，并在转移平面进行水平不产生切削的移动，因而会影响加工效率。单向切削方法能始终保持顺铣或者逆铣的状态，通常用于岛屿表面的精加工，不适用于往复式切削方法的场合。

　　（3）跟随周边切削（Follow Periphery）　跟随周边切削也称沿外轮廓切削，用于创建一条沿着轮廓顺序的、同心的刀具轨迹。它是通过对外围轮廓区域的偏置得到的，当内部偏置的形状产生重叠时，它们将被合并为一条轨迹，再重新进行偏置产生下一条轨迹。所有轨迹在加工区域中都以封闭的形式呈现。跟随周边切削的刀具轨迹如图 2-3-10 所示。

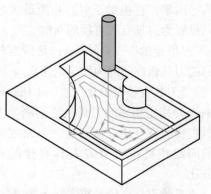

　　跟随周边切削与往复式切削一样，能维持刀具在步距运动期间连续地进刀，以产生最大的材料切除量。除可以通过顺铣和逆铣选项指定切削方向外，还可以指定向内或者向外的切削。

图 2-3-10　跟随周边切削的刀具轨迹

　　跟随周边切削和跟随工件切削通常用于有岛屿和内腔零件的粗加工，如模具的型芯和型腔。这两种切削方法生成的刀具轨迹都由系统根据零件形状偏置产生。形状交叉的地方刀具轨迹不规则，而且切削不连续，一般可以通过调整步距、刀具或者毛坯的尺寸，得到理想的刀具轨迹。

　　（4）跟随工件切削（Follow Part）　跟随工件切削也称为沿零件切削，是通过对所指定的零件几何体进行偏置，从而产生刀具轨迹。跟随周边切削只从外围的环进行偏置，而跟随工件切削是从零件几何体所定义的所有外围环（包括岛屿、内腔）进行偏置创建刀具轨迹。跟随工件切削的刀具轨迹如图 2-3-11 所示。

　　与跟随周边切削不同，跟随工件切削不需要指定向内或者向外切削（步距运动方向），系统总是按照切向零件几何体来决定切削方向。换句话说，对于每组刀具轨迹的偏置，越靠近零件几何体的偏置则越靠后切削。对于型腔来说，步距方向是向外的；而对于岛屿来说，步距方向是向内的。

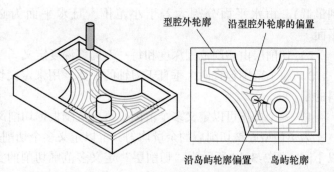

图 2-3-11　跟随工件切削的刀具轨迹

　　跟随工件的切削方法可以保证刀具沿所有的零件几何进行切削，而不必另外创建操作来清理岛屿，因此对有岛屿的型腔加工区域，最好使用跟随工件的切削方式。当只有一条外形边界几何时，跟随周边切削方式与跟随工件切削方式所生成的刀具轨迹是一样的。建议优先选用跟随工件方式进行加工。

　　注意：使用跟随周边切削方式或者跟随工件切削方式生成的刀具轨迹，当设置的步进大于刀具有效直径的 50% 时，可能在两条路径间产生未切削区域，在加工工件表面留有残余材料，铣削不完全。

　　8. 切削步距

　　切削步距（以下简称步距）也称行间距，是两个切削路径（以下统称为刀路）之间的间隔距离。在平行切削的切削方式下，步距是指两行间的间距；而在环绕切削方式下，步距是指两环间的间距，如图 2-3-12 所示。

步距的设置需要考虑刀具的承受能力、加工后的残余材料量、切削负荷等因素。在粗加工时，步距最大可以设置为刀具有效直径的90%。

"恒定的"（Constant）是指定相邻的刀具轨迹间隔为固定的距离。

"刀具直径百分比"（Tool Diameter）是指定相邻的刀具轨迹间隔为刀具直径的百分比。指定连续刀路之间的固定距离作为有效刀具直径的百分比。

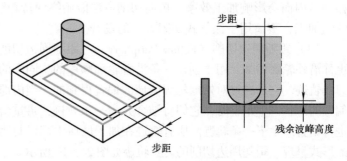

图 2-3-12　步距

有效刀具直径是指实际上接触到腔体底部的刀具的直径。

如果使用刀具直径百分比无法平均等分切削区域，则系统会自动计算出一个略小于此刀具直径百分比的且能平均等分切削区域的距离。

9. 切削层

切削层是指为多层切削指定平行的切削平面与切削范围。软件中，"切削层"的对话框如图 2-3-13 所示。

对于切削层要求掌握以下内容：

1）系统基于部件与毛坯几何体自动添加一个大范围（最高到最低），由水平面分割为若干小范围，且水平面为必加工平面。

2）切削层由切削范围深度和每一刀局部深度定义。

3）每个范围包含两个垂直于刀轴的平面，用来定义切削材料的量。

图 2-3-13　"切削层"对话框

4）一个操作可以定义多个范围，每个范围根据切削深度均匀等分。

为了使型腔铣切削后的余量均匀，可以定义多个切削范围，每个切削范围的每层切削深度可以不同。图 2-3-14 所示为"切削层"定义多范围切削的实例。范围 1 为斜面高度定义，每层切削量大；而范围 2 为圆角部分定义，每层切削量小。这样可以保证加工完成所剩余的层余量均匀，便于以后的半精加工的操作。

10. 进给率和速度

使用"进给率和速度"命令可定义进给率和主轴速度，可以为切削运动和非切削移动设置单位，可在工序或方法组中指定进给率。如果在方法组中指定进给率，则工序将继承此信息。也可使用进给率和速度库自动设置进给率和速度。"进给率和速度"命令中包括以下内容：

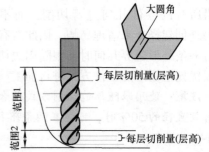

图 2-3-14　"切削层"定义多范围切削实例

（1）切削　可设置刀具与部件几何体接触时的刀具运动进给率。

（2）逼近　可设置刀具运动从起点到进刀位置的进给率。在使用多层的平面铣和型腔铣工序中，逼近用于从一层到下一层的进给。

（3）进刀　可设置从进刀位置到初始切削位置的刀具运动进给率。当刀具抬起后返回工件时，此进给率也适用于返回移动。

（4）第一刀切削　可设置刀具直径嵌入要切削材料的切削运动的进给率。第一刀切削可以发生在一些较小切削阶段中无法逼近的一定量材料中，例如腔体中的第一刀切削；也可以发生在刀具移动穿过狭窄通道、槽，或者进入锐角凹角时。刀具未嵌入的刀路使用切削进给率。

（5）步距　可设置刀具从一个刀路移动到下一个刀路时的进给率。

（6）移刀　当进刀/退刀菜单上的转移方法选项设置为前一层时，可设置快速水平非切削刀具运动的进给率。只有当刀具是在未切削曲面之上的"竖直安全距离"，并且是距任何腔体岛或壁的"水平安全距离"时，才会使用此进给率。该位置和进给率结合，在刀具切换过程中（不需抬刀即可将刀具移动到安全平面）可保护部件。

（7）退刀　可设置从最终刀具轨迹切削位置到退刀位置的刀具运动的进给率。

（8）离开　可设置退刀、移刀或返回运动的刀具运动进给率。退刀点上第一次返回移动也可以是离开移动。

11. 后处理

使用 Siemens NX 做后处理时，既可以选择单个加工操作，也可以选择连续的几个加工操作，或者选择一个程序父节点组中的所有操作。在本任务中是利用 Siemens NX 提供的通用三轴铣加工后处理程序来生成 NC 代码来完成机床操作的。

五、技能训练

根据上盖零件的零件图开展编制上盖的数控加工程序、确定刀具、手动对刀等准备工作，然后进行上盖零件的首件试切削。

数控机床回零、手动进给、手轮进给、DNC 模式、MDI 模式、试运行模式的操作步骤与任务 1.3 中的技能训练内容相同，此处不再赘述。

六、任务实施

1. 零件技术分析

上盖零件材料为 2A12 - T4，容易加工且结构简单，主要有以下特点：

1）毛坯为半成品，棱边倒角已加工好，半成品尺寸为 80mm×80mm×25mm 铝板。

2）加工部位为零件的凸台和中心孔。

2. 零件加工工序

1）准备工作，在 UG10.0 中打开要加工的零件，如图 2-3-15 所示。

2）进入"应用模块"，单击"加工"。在"CAM 会话设置"中，选择"cam_general"，在"要创建的 CAM 设置"中，选择"mill_contour"，然后单击"确

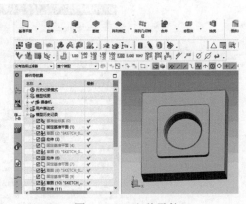

图 2-3-15　上盖零件

定"按钮,如图 2-3-16 所示。

3)单击"创建程序"图标,首先创建一个"凸台粗加工",然后单击"应用"或"确定"按钮,如图 2-3-17 所示。

图 2-3-16　加工环境设置　　　　　　　　　　　　图 2-3-17　创建凸台粗加工程序

4)用同样的方法创建"凸台座面精铣""凸台立面精铣""中心孔粗加工""中心孔座面精铣""中心孔立面精铣"程序,如图 2-3-18 所示。

5)单击"机床视图"图标来创建刀具,或单击"创建刀具"图标,如图 2-3-19 所示。

图 2-3-18　创建程序　　　　　　　　　　　　图 2-3-19　创建刀具

6)首先创建一把 D8 的圆柱立铣刀,直径为"8",然后单击"确定"按钮,如图 2-3-20 所示。

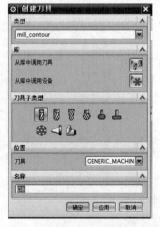

图 2-3-20　创建 D8 刀具

7）用同样的方法，创建一把 D16 的立铣刀，加工中心大孔。

8）单击"几何视图"图标，选择"坐标"→"绝对坐标"，然后将安全距离设为"20"，然后单击"确定"按钮，如图 2-3-21 所示。

图 2-3-21 坐标系设置

9）双击"WORKPLECE"，单击"指定部件"图标，选择工件模型，然后单击"确定"按钮，如图 2-3-22 所示。

图 2-3-22 指定部件

10）单击"指定毛坯"图标，选择"包容块"，然后单击"确定"按钮，如图 2-3-23 所示。

图 2-3-23 毛坯设置

11）单击"加工方法视图"图标，修改粗加工、精加工的参数。双击"MILL_ROUGH"（粗加工），部件余量设为"0.5"，内公差设为"0.03"，外公差设为"0.03"，然后单击"确定"按钮，如图2-3-24所示。

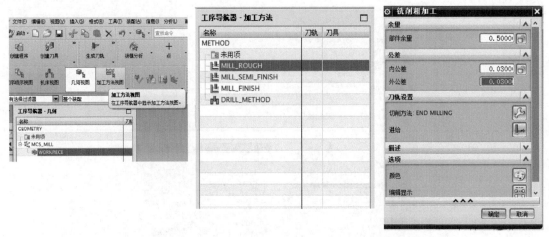

图2-3-24　粗加工参数设置

12）双击"MILL_FINISH"（精加工），部件余量设为"0"，内公差设为"0.003"，外公差设为"0.003"，然后单击"确定"按钮。至此准备工作完成了。

13）对零件进行粗加工。

① 首先单击"创建工序"图标，类型选择"mill_contour"，工序子类型选择"型腔铣"图标，程序选择"凸台粗加工"，刀具选择"D8（铣刀-5参数）"，几何体选择"MCS_MILL"，方法选择"MILL_ROUGH"（粗铣），名称改为"Rough–mill"，单击"确定"按钮，如图2-3-25所示。

图2-3-25　创建工序

② 指定"切削区域"，选择如图2-3-26所示切削部分，单击"确定"按钮。

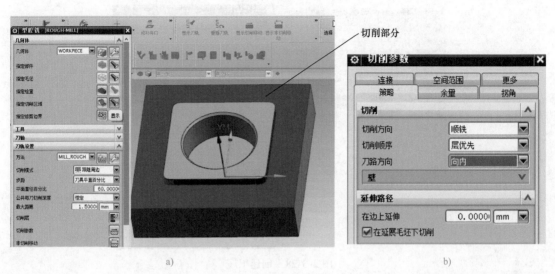

图 2-3-26 指定切削区域

③ 切削模式选择"跟随周边",平面直径百分比改为"60",公共每刀切削深度选择"恒定",最大距离设为"1.5",如图 2-3-26a 所示。

④ 单击"切削参数"图标,刀路方向选择"向内",如图 2-3-26b 所示,然后单击"确定"按钮。

⑤ 单击"进给率和速度"图标,设置"主轴速度"为"1800",切削进给率为"1200",单击"确定"按钮,然后单击"生成"图标,查看刀轨,最后单击"确定"按钮,如图 2-3-27 所示。

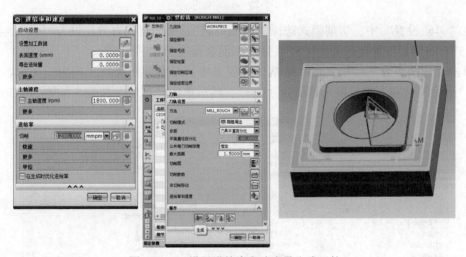

图 2-3-27 设置进给率和速度及生成刀轨

14) 对凸台座面精铣。

① 单击"创建工序"图标,类型选择"mill_planar",工序子类型选择"使用边界面铣削"图标,程序选择"NC_PROGRAM"(凸台座面精铣),刀具选择"D8(铣刀-5 参数)",几何体选择"WORKPIECE",方法选择"MILL_FINISH"(精铣),名称改为"FACE_MILLING",然后单击"确定"按钮,如图 2-3-28 所示。

图 2-3-28　创建工序

② 单击"指定面边界"图标，选择如图 2-3-29 所示平面，然后单击"确定"按钮。

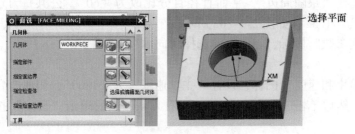

图 2-3-29　指定面边界

③ 在"刀轨设置"中，切削模式选择"跟随周边"，平面直径百分比设为"60"，毛坯距离设为"0.5"，每刀切削深度设为"0.5"，最终底面余量设为"0"。

④ 单击"切削参数"图标，在"策略"选项卡中，刀路方向选择"向内"，并勾选"岛清根"，在"余量"选项卡中，壁余量设为"0.3"，然后单击"确定"按钮，如图 2-3-30 所示。

图 2-3-30　切削参数设置

⑤ 单击"进给率和速度"图标，设置主轴转速为"2600"，切削进给率为"1400"，单击"确定"按钮，然后单击"生成"图标，查看刀轨，最后单击"确定"按钮，如图 2-3-31 所示。

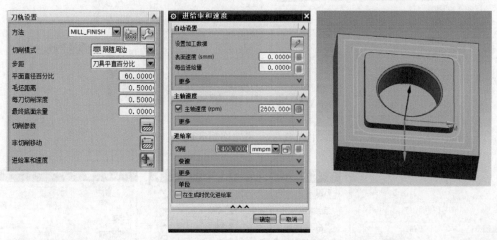

图 2-3-31　进给率和速度及生成刀轨设置

15）凸台立面精铣。

① 单击"创建工序"图标，类型选择"mill_contour"，工序子类型选择"深度轮廓加工"图标，程序选择"凸台立面精铣"，刀具选择"D8"，几何体选择"WORKPIECE"，方法选择"MILL_FINISH（精铣）"，名称改为"ZLEVEL_PROFILE"，然后单击"确定"按钮。如图 2-3-32 所示。

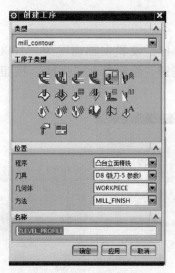

图 2-3-32　创建工序

② 单击"指定切削区域"图标，选择如图 2-3-33 所示平面，然后单击"确定"按钮。

③ 在"刀轨设置"中，陡峭空间范围选择"仅陡峭的"，角度设为"90"，公共每刀切削深度设为"恒定"，最大距离设为"3"。

④ 单击"切削层"图标，切削层选择"最优化"然后单击"确定"按钮。

⑤ 单击"切削参数"图标，在"策略"选项卡中，切削顺序选择"层优先"，延伸路径勾

选"在边上延伸",距离设为"55",然后单击"确定"按钮,如图2-3-34所示。

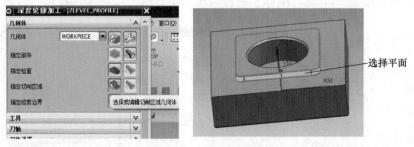

图 2-3-33　指定切削区域

图 2-3-34　参数设置

⑥ 单击"进给率和速度"图标,设置主轴速度为"2600",切削进给率为"1400",如图 2-3-35 所示。单击"确定"按钮,然后单击"生成"按钮,查看刀轨,最后单击"确定"按钮。

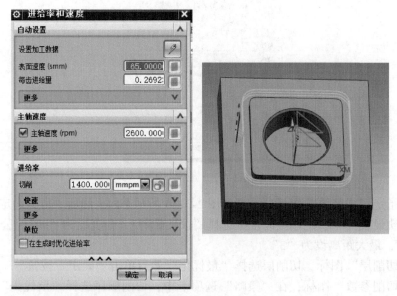

图 2-3-35　生成刀具轨迹

16）中心孔粗加工。

① 单击"创建工序"，类型选择"mill_contour"，工序子类型选择"型腔铣"图标，程序选择"中心孔粗加工"，刀具选择"D16"，几何体选择"WORKPIECE"，方法选择"MILL_ROUGH"（粗铣），名称改为"CAVITY_MILL"，然后单击"确定"按钮，如图 2-3-36 所示。

② 单击"指定切削区域"图标，选择如图 2-3-36 所示切削部分，然后单击"确定"按钮。

③ 在"刀轨设置"中，切削模式选择"跟随周边"，平面直径百分比改为"60"，公共每刀切削深度设为"恒定"，最大距离设为"3"，单击"切削层"图标，查看切削层分布，然后单击"确定"按钮，如图 2-3-37 所示。

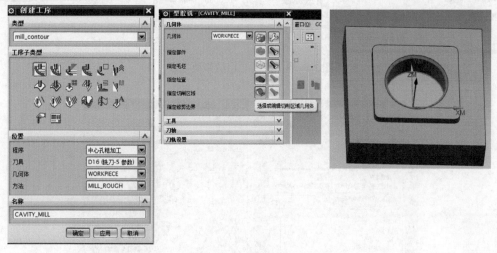

图 2-3-36　创建工序及定义切削区域

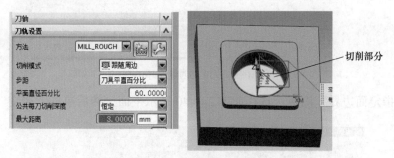

图 2-3-37　定义切削层

④ 单击"切削参数"图标，在"策略"选项卡中，刀路方向选择"向外"，然后单击"确定"按钮。单击"非切削移动"图标，在"进刀"选项卡中，设置进刀类型为"螺旋"，然后单击"确定"按钮，如图 2-3-38 所示。单击"进给率和速度"图标，设置主轴转速为"2600"，切削为"1800"，然后单击"确定"按钮。单击"生成"图标，查看刀轨，最后单击"确定"按钮。

17）中心孔座面精铣。

① 单击"创建工序"，类型选择"mill_planar"，工序子类型选择"使用边界面铣削"图标，程序选择"中心孔座面精铣"，刀具选择"D16"，几何体选择"WORKPIECE"，方法选择"MILL_FINISH"（精铣），名称改为"FACE_MILLING-1"，然后单击"确定"按钮，如图 2-3-39 所示。

图 2-3-38　定义非切削移动参数

图 2-3-39　创建工序

② 单击"指定面边界"图标，选择如图 2-3-40 所示平面，然后单击"确定"按钮。

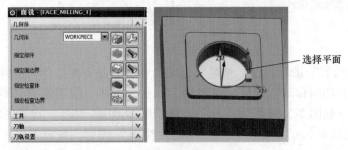

图 2-3-40　指定面边界

③ 在"刀轨设置"中，切削模式选择"跟随周边"，平面直径百分比设为"60"，毛坯距离设为"0.5"，每刀切削深度设为"0.5"，最终底面余量设为"0"。

④ 单击"切削参数"图标，在"策略"选项卡中，刀路方向选择"向外"，在"余量"选项卡中，壁余量为"0.3"，然后单击"确定"按钮，如图 2-3-41 所示。

图 2-3-41　切削参数设置

⑤ 单击"进给率和速度"图标，设置主轴转速为"5000"，切削进给率为"1400"，然后单击"确定"按钮。单击"生成"按钮，查看刀轨，然后单击"确定"按钮，如图 2-3-42 所示。

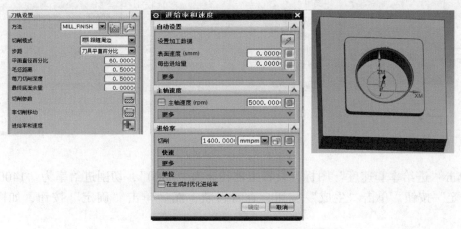

图 2-3-42　进给率和速度及生成刀轨设置

18）中心孔精加工。

① 单击"创建工序"，类型选择"mill_contour"，工序子类型选择"深度轮廓加工"图标，程序选择"中心孔精加工"，刀具选择"D16"，几何体选择"WORKPIECE"，方法选择"MILL_FINISH"（精铣），名称改为"ZLEVEL_PROFILE_1"，然后单击"确定"按钮，如图 2-3-43 所示。

② 单击"指定切削区域"图标，选择如图 2-3-44 所示平面，然后单击"确定"按钮。

③ 在"刀轨设置"中，陡峭空间范围选择"仅陡峭的"，角度设为"90"，公共每刀切削深度设为"恒定"，最大距离设为"4"。

④ 单击"切削层"图标，切削层选择"最优化"，然后单击"确定"按钮。

图 2-3-43　创建工序

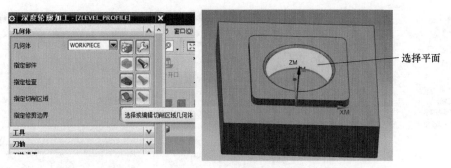

图 2-3-44　指定切削区域

⑤ 单击"切削参数"图标，在"策略"选项卡中，切削顺序选择"层优先"，然后单击"确定"按钮，如图 2-3-45 所示。

图 2-3-45　参数设置

⑥ 单击"进给率和速度"图标，设置主轴转速为"2600"，切削进给率为"1400"，然后单击"确定"按钮。单击"生成"按钮，查看刀轨，然后单击"确定"按钮，如图 2-3-46 所示。

19）生成上盖零件后处理程序，如图 2-3-47 所示。

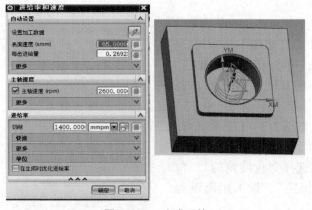

图 2-3-46　生成刀轨

```
%
N0010 G40 G17 G90 G71
N0020 G91 G28 Z0.0
N0030 T01 M06
N0040 G00 G90 X25.6113 Y44.06 S1800 M03
N0050 G43 Z45. H00
N0060 Z26.8333
N0070 G01 Z23.8333 F800. M08
N0080 Y40.06
N0090 X39.9998
N0100 G02 X40.0598 Y40. I0.0 J-.06
N0110 G01 X40.06 Y-39.9998
N0120 G02 X40. Y-40.0598 I-.06 J0.0
N0130 G01 X-39.9998 Y-40.06
N0140 G02 X-40.0598 Y-40. I0.0 J.06
```

图 2-3-47　上盖零件后处理程序

任务2.4 上盖的智能加工

一、任务描述

运用搭建的智能制造生产线，完成如图 2-0-1 所示上盖零件批量生产的智能加工。

二、学习目标

1. 理解 MES 软件中生产管理、物料管理等基本概念。
2. 了解物料管理活动的目标和基本方法。
3. 了解库存运行管理的活动模型。

三、能力目标

1. 会用 MES 软件分派任务、管理成品库存。
2. 会在 MES 里面对仓库物料进行配置
3. 会用 MES 对物料 RFID 编码进行管理。
4. 会用 MES 对设备进行管理。
5. 会用 MES 完成上盖零件智能加工。

四、知识学习

1. 智能仓储系统

智能仓储系统是一个信息化、自动化和智能化的智能自动执行系统，它是由仓储设备系统、信息识别系统、智能控制系统、监控系统、信息管理系统等子系统中至少两个子系统组成的，具有对信息进行智能感知、处理和决策，对仓储设备进行智能控制和调度，自动完成仓储作业的执行与流程优化的功能。

当前，我国仓储业正在逐步实现信息化，包括条形码、智能标签等自动化识别技术、可视化跟踪系统、自动分拣等都需要借助互联网完成。同时，我国自动化仓储物流也存在一些问题，比如成本高、自动化技术普及率低等。在大数据、云计算等技术发展下，将这些技术与仓储物流体系深度融合，可以使仓储物流管理逐步迈向现代化及智能化，提高管理效率。

自动化立体仓库是智能仓储中出现的新概念，利用自动化立体仓库设备可实现仓库高层合理化、存取自动化、操作简便化，是当前技术水平较高的仓储形式。自动化立体仓库的主体由货架、巷道式堆垛起重机、入（出）库工作台和自动运进（出）及操作控制系统组成。货架是钢结构或钢筋混凝土结构的建筑物或结构体，货架内是标准尺寸的货位空间，巷道堆垛起重机穿行于货架之间的巷道中，完成存、取货的工作。

2. RFID 技术

RFID 技术又称无线射频识别，是一种通信技术，可通过无线电信号识别特定目标并读写相关数据，它的基本原理是利用射频信号和空间耦合或雷达反射的传输特性，从一个贴在商品或者物品上的 RFID 标签中读取数据，从而实现对物品或者商品的自动识别。RFID 读写器分为移动式和固定式，目前 RFID 技术应用广泛，如门禁系统、食品安全溯源等。RFID 系统架构如图 2-4-1 所示，RFID 的原理如图 2-4-2 所示。

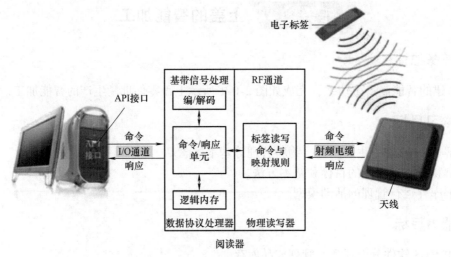

图 2-4-1 RFID 系统架构

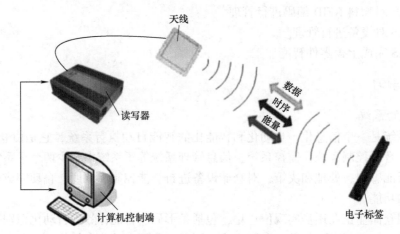

图 2-4-2 RFID 的原理

射频识别系统最突出的优点是非接触识别，它能穿透雪、雾、冰、涂料、尘垢和条形码无法使用的恶劣环境阅读标签，并且阅读速度极快，大多数情况下不到 100ms。有源式射频识别系统的速写能力也是其优点之一，它可用于流程跟踪和维修跟踪等交互式业务。RFID 还有下列优点：

（1）可快速扫描多个 RFID 标签　RFID 辨识器可同时辨识读取数个 RFID 标签。

（2）体积小型化、形状多样化　RFID 在读取上并不受尺寸大小与形状限制，无需为了读取精确度而配合纸张的固定尺寸和印刷品质。此外，RFID 标签更可往小型化与多样形态方向发展，以应用于不同产品。

（3）抗污染性和耐久性强　传统条码的载体是纸张，因此容易受到污染，但 RFID 对水、油和化学药品等物质具有很强抵抗性。此外，由于条形码是附于塑料袋或外包装纸箱上的，所以特别容易受到折损，RFID 卷标是将数据存在芯片中，因此可以免受污损。

（4）可重复使用　普通的条形码在印刷后无法更改，而 RFID 标签可以重复地新增、修改、删除在 RFID 卷标内储存的数据，方便信息的更新。

（5）穿透性好，可无屏障阅读　在被覆盖的情况下，RFID 能够穿透纸张木材和塑料等非金属或非透明的材质，并能够进行穿透性通信。而条形码扫描机必须在近距离而且没有物体阻挡的情况下，才可以辨读条形码。

（6）数据的记忆容量大　一维条形码的容量是 50B，二维条形码最大的容量可储存 2～3000 字符，RFID 最大的容量则有几个 MB。随着记忆载体的发展，数据容量也有不断扩大的趋势。未来物品所需携带的资料量会越来越大，对卷标所能扩充容量的需求也相应增加。

（7）安全性好　由于 RFID 承载的是电子式信息，其数据内容可经由密码保护，使其内容不易被伪造及变造。

五、技能训练

熟练掌握在 MES 里对仓库存储物料的配置管理和对设备的管理。

1. 仓库配置管理

在软件左边状态栏，单击"仓库配置管理"，出现如图 2-4-3 所示的"仓库配置管理"页面，图中，仓库基础信息是三维搭建选择的线边库，搭建后自动生成。第一次仓库配置时，需要选中仓库"S002-线边库-4*4"，单击"初始化"，对仓库信息进行刷新。仓库信息配置管理中，仓库库位的编号是行号和列号的组合，例如库位所处位置是 0D 行 04 列，它的库位编号为"0D04"。

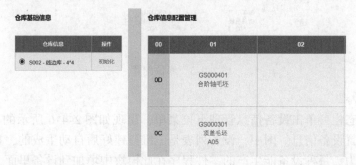

图 2-4-3　仓库配置管理

每个库位放置什么零件需要进行定义，单击库位方格会弹出如图 2-4-4 所示的"仓库编辑"对话框。"作为坯料/成品"是指该库位选择放置的物料类型，可选择成品或坯料，选择后，在"物料名称"下拉菜单中会出现对应的物料类型；"物料名称"是指在物料定义中定义过的物料；"选择托盘"是在定义过的托盘编号中选择一个站位；"托盘类型"是与托盘编号关联的，选择托盘编号后会自动出现托盘类型。

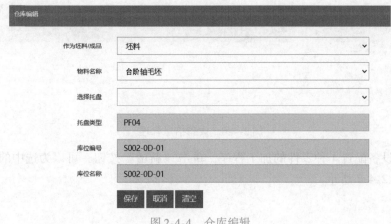

图 2-4-4　仓库编辑

依照下列要求对线边库进行物料配置：

1）在 0D01 库位里配置"台阶轴毛坯"。

2）在 0C01 库位里配置"顶盖毛坯"。

3）在 0B01、0B02 库位里配置"底板毛坯"。

4）在 0A01、0A02 库位里配置"上盖毛坯"。

库位配置完成后如图 2-4-5 所示。

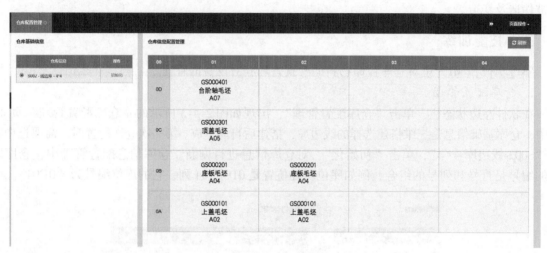

图 2-4-5　库位配置

2. 设备信息管理

在软件左边状态栏，单击设备信息管理下拉菜单，出现如图 2-4-6 所示的"设备信息管理"页面，在该页面配置设备信息。图中，设备列表是三维搭建好后自动生成的，在此功能模块里面定义设备的生产能力。每种设备能生产的零件程序在此模块中填加到设备里面，以便后面安排生产工艺时能选择到对应的加工程序。同时可以定义加工成本，零件加工成本的计算方法是按照小时来收费的。加工时长是指工件在设备内加工的时间，在仿真时这个时间来自 CAM 软件编程后处理计算出来时间，通常在做模拟仿真时为节省整体时长，加工时长设置的时间比较短，单位为 s。

图 2-4-6　设备信息管理

为 M002 号设备配置 4 种零件的加工程序，单击"新增"按钮，可以为选中的设备添加多个加工程序，如图 2-4-7 所示。

图 2-4-7　添加加工程序

为 M003 号设备配置两种零件的加工程序，如图 2-4-8 所示。

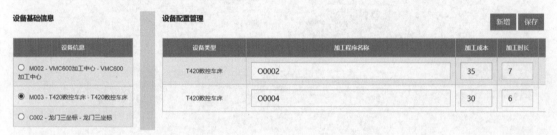

图 2-4-8　两种零件的加工程序

六、任务实施

1. 选择订单的排程方式

为生产上盖编号为"SN2020080801"的订单选择优先级的排程算法进行排程，如图 2-4-9 所示。

上盖的
智能制造

图 2-4-9　上盖生产排程

2. 模拟生产

模拟生产的仿真节拍将根据安排生产工艺时录入的时长进行运行，能模拟出真实的生产情况，根据模拟输出甘特图以及效率等结果参数，优化工艺和选择不同的排程算法，上盖订单模拟生产，如图 2-4-10 所示。

图 2-4-10　上盖订单模拟生产线

3. 订单实际生产

通过仿真运行确认工艺最优后，从 3D 运行界面切换到实际运行状态，单击图 2-4-11 中启动按钮，自动生产线将依照所选排程算法产生的生产队列，进行加工生产，完成订单内容。

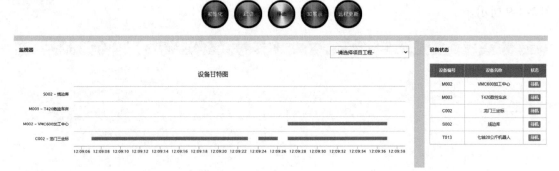

图 2-4-11　上盖订单实际生产

拓展活动

国产工业机器人品牌

近年来工业机器人的发展逐渐得到重视，国家出台各种鼓励措施，地方也争相设立发展目标，核心内容是实现自主创新、加快国产替代进程。目前我国工业机器人行业正处于初步产业化阶段，从发展期逐渐迈向成熟期。

　　在全球市场上，2019 年我国工业机器人装机量与产量均居全球首位，但装机密度仍有较大潜力。未来我国工业机器人在云计算等新兴技术的加持下将向着更加智能化、柔性化的方向发展。

　　请大家查阅资料，简单列举出几个工业机器人国产品牌。

项目 ③

顶盖的智能制造单元生产与管控

一、项目描述

现需生产如图3-0-1所示的顶盖零件100件，提供的毛坯见附录E（图E-3）。完成顶盖的智能生产与管控。

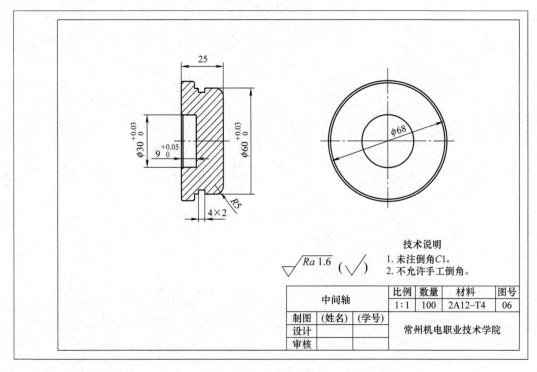

图 3-0-1　顶盖零件图

二、素养目标

1. 培养学生善于沟通、亲和友善的能力，增强团队合作意识。

2. 培养学生具有自我学习和审辨思维的能力，对于未知的知识能够通过多种渠道自我学习，对于不同工艺能够提出自己的观点，对于不正确的内容勇于批评。

3. 培养专注、负责的工作态度和精雕细琢、精益求精的工作理念。

4. 培养自我管理与持之以恒的能力。

三、学习目标

1. 掌握顶盖零件制造单元生产与管控的流程。
2. 掌握加工中心、工业机器人、料仓和中控单元等准备工作的内容与步骤。
3. 熟练使用自动编程软件和工业机器人编程指令。
4. 掌握 MES 下单完成顶盖零件的智能切削加工原理与过程。

四、能力目标

1. 会顶盖零件的生产工艺分析并能搭建智能制造生产线。
2. 能根据顶盖零件生产工艺完成生产加工前的准备工作。
3. 会用三维软件自动完成顶盖零件的自动编程。
4. 能完成首件试切削，并对相应工艺优化改进。
5. 会用 MES 完成零件的任务下单，并通过控制软件完成零件的质量检测。

任务 3.1　搭建顶盖的智能制造生产线

一、任务描述

完成顶盖零件的智能制造生产线的搭建。

二、学习目标

1. 掌握顶盖的数控加工工艺。
2. 掌握顶盖智能制造生产流程。

三、能力目标

1. 会顶盖零件的智能制造生产线工艺分析。
2. 会根据顶盖零件生产工艺搭建智能制造生产线。
3. 会选择智能制造生产线中的数控设备、机器人等设备种类及数量。

四、知识学习

1. 凹模型腔铣削方式

（1）下刀方式　在铣型腔前，如果毛坯为实体材料，则需要先钻孔。而要铣削型腔，需考虑如何下刀。常见下刀方式有以下几种。

1）钻孔-立铣刀下刀铣削方式。此方式，分两种情况：第 1 种情况，型腔内有一通孔，可以先采用标准麻花钻钻通，再采用立铣刀沿孔下刀铣削；第 2 种情况，型腔底面为完整平面。此时，可以先采用平底钻钻至距型腔底部并留精铣余量，再采用立铣刀沿孔下刀铣削。

2）铣刀垂直进给方式。端面切削刃过中心的立铣刀（图 3-1-1），具有一定垂直进给铣削能力，但由于立铣刀与麻花钻不同，容屑空间设计不足，所以垂直进给量不能太大，进给深度不能

图 3-1-1　立铣刀

太深。采用此方式进给下刀，编程简单。

3）铣刀斜向下进给方式。所有的铣刀都可以采用此方式。该进给方式分成两种：斜坡下刀与螺纹下刀，如图3-1-2所示。斜坡下刀编程简单，如果长度距离不足，可以往复向下，适用于窄长类型腔；螺旋下刀编程较复杂，但占用空间小。

铣刀斜向下进给方式编程比铣刀垂直进给方式的编程要复杂，但它的进给量大，效率高。而钻孔-立铣刀下刀铣削方式，平底钻刃磨比较麻烦，且不可能直接加工至型腔底部。目前铣削编程普遍采用自动编程方式。因此如果型腔内部有孔，一般采用先钻孔，后下刀铣削；如果型腔内没有孔，一般采用斜向下进给方式铣削型腔。

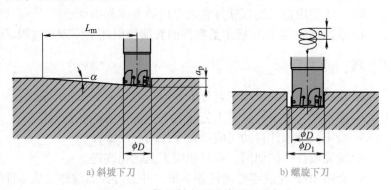

a) 斜坡下刀　　　　　　　b) 螺旋下刀

图3-1-2　铣刀斜向下进给的两种方式

（2）进给路线　进给路线不一致，加工结果也将各异。图3-1-3所示为铣型腔的三种进给路线，图3-1-3a、b分别表示用行切法和环切法铣型腔的进给路线。两种进给路线的共同点是都能切净内腔中全部面积，不留死角，不伤轮廓，同时尽量减少重复进给的搭接量。不同点是行切法的进给路线比环切法短，但行切法将在每两次进给的起点与终点间会留下残留面积，达不到所要求的表面粗糙度；而用环切法获得的表面粗糙度要好于行切法，但行切法需要逐次向外扩展轮廓线，刀位点的计算稍复杂。综合行切法与环切法的优点，采用图3-1-3c所示的进给路线，即先用行切法切去中间部分余量，最后用环切法环切一刀，这样既能使总的进给路线较短，又能获得较好的表面粗糙度。

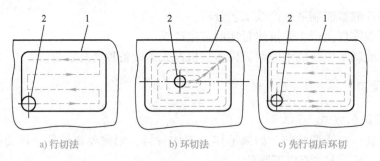

a) 行切法　　　　　　b) 环切法　　　　　　c) 先行切后环切

图3-1-3　铣型腔的三种进给路线

1—型腔轮廓　2—刀具

2. 立铣刀结构

由于铣削直径受制于型腔空间，很多场合铣削刀直径较小，无法使用方肩铣刀，此时需要使用立铣刀。立铣刀的结构如图3-1-4所示，立铣刀由柄部和工作部分组成。柄部为直柄结构，起夹持作用；工作部分由多个刀齿组成，容屑槽一般为螺旋槽。立铣刀常用材料主要有高速钢、硬质合金和涂层。

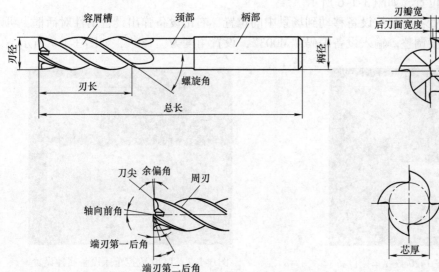

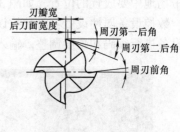

图 3-1-4 立铣刀结构

3. 立铣刀类型

立铣刀根据端面结构形式可以分为平头立铣刀、圆弧立铣刀（又称鼻刀）、球头立铣刀；根据圆周结构形式又可以分为圆柱立铣刀、圆锥立铣刀、波形刃立铣刀。

4. 立铣刀选择

（1）选择立铣刀种类 例如：平头立铣刀主要用于侧面加工、底面为平面并与侧面无圆角过渡的台阶和直槽加工，也可用于曲面的粗加工。

（2）选择立铣刀直径与圆弧半径 立铣刀的半径应不大于型腔内圆弧半径，同时立铣直径应小于型腔最小侧壁距离。如果侧面还需精加工，那么确定立铣刀直径时还需考虑精加工余量。如图 3-1-5 所示，圆弧立铣刀的圆弧半径一般取底面与侧面连接圆弧半径值。

（3）选择立铣刀切削刃长 立铣刀切削刃长一般不小于型腔深度。

图 3-1-5 圆弧半径选择

（4）选择立铣刀齿数 立铣刀齿数有 2 齿、4 齿、6 齿等。2 齿立铣刀用于粗加工，开槽；3 齿立铣刀用于钢、铸铁等材料粗加工，开槽加工，铝等有色金属精加工；4 齿立铣刀用于钢、铸件等材料精加工，浅槽加工；6 齿立铣刀用于钢、铸铁等材料侧面精加工。

5. 刀柄

立铣刀一般为直柄结构，所以刀柄一般选用弹簧夹头刀柄和强力铣夹头刀柄，推荐使用强力铣夹头刀柄。

五、技能训练

顶盖制造单元现场搭建的操作步骤如下：

（1）新建顶盖制造单元项目 打开 SMES 软件，进入工程管理界面，建立新项目——"顶盖制造单元"，输入项目名称和项目描述。项目创建成功后，右击新项目进入布局规划界面。

（2）搭建数控车床 T420 单击左边加工设备出现下拉菜单，选择"T420 数控车床"，然后单击场地中要放置的位置，如图 3-1-6 所示。

数控设备属性设置：将数控设备移动到场景中间位置，右击设备弹出设备属性对话框，可对该设备进行编码和角度调整。输入设备编码"M003"，设置角度为"180"，如图 3-1-7 所示。

图 3-1-6　搭建 T420 数控车床设备

图 3-1-7　T420 数控车床设备属性设置

（3）搭建 VMC600 加工中心　单击"加工设备"出现下拉菜单，选择"VMC600 加工中心"，然后单击场地中要放置的位置，如图 3-1-8 所示。

VMC600 属性设置：将数控设备 VMC600 移动到场景中合适位置，右击设备弹出设备属性对话框，对该设备进行编码和角度调整。输入设备编码"M002"，设置角度为"0"，如图 3-1-9 所示。

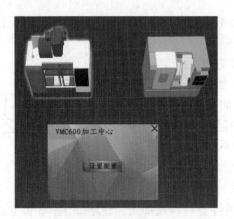

图 3-1-8　搭建 VMC600 加工中心

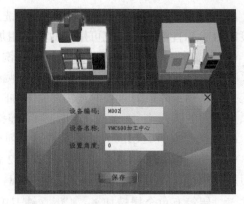

图 3-1-9　VMC600 属性设置

（4）搭建线边库　单击"存储设备"出现下拉菜单，选择"线边库"，然后单击场地中要放置的位置，如图 3-1-10 所示。

线边库属性设置：将线边库移动到场景中合适位置，右击设备然后弹出设备属性对话框，对该设备进行编码和角度调整。输入设备编码"S002"，设置角度为"0"，如图 3-1-11 所示。

（5）搭建龙门三坐标　单击"检测设备"出现下拉菜单，选择"龙门三坐标"，然后单击场地中要放置的位置，如图 3-1-12 所示。

龙门三坐标属性设置：将检测设备龙门三坐标移动到场景中合适位置，右击设备然后弹出设备属性对话框，对该设备进行编码和角度调整。输入设备编码"C002"，设置角度为"270"，如图 3-1-13 所示。

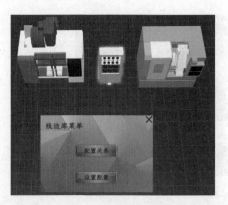

图 3-1-10　线边库

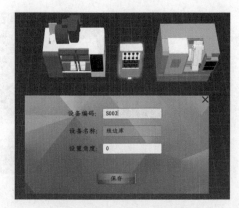

图 3-1-11　线边库属性设置

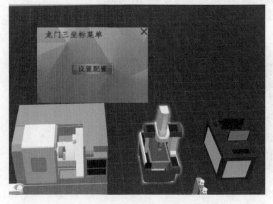

图 3-1-12　搭建龙门三坐标

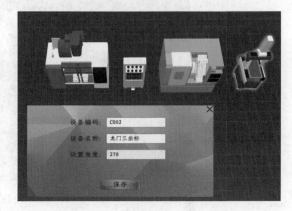

图 3-1-13　龙门三坐标属性设置

（6）搭建工业机器人　在模型列表中选择"工业机器人"，将工业机器人移动到场景中。单击机器人，机器人出现一个白色的方框，该方框为机器人的工作范围，移动机器人，使数控机床处于机器人工作范围内，如图 3-1-14 所示。

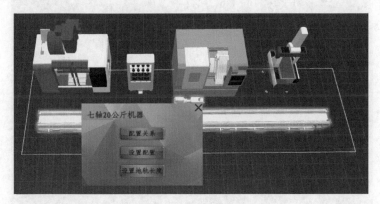

图 3-1-14　机器人工作范围的设定

（7）选择机器人夹爪库　在模型列表中选择"机器人夹爪库"，将机器人夹爪库移动到场景中合适位置，如图 3-1-15 所示。

（8）设备关系连接　右击机器人弹出图 3-1-16 所示对话框。

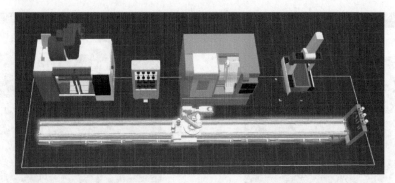

图 3-1-15　机器人夹爪库的设定

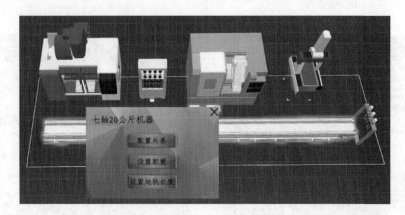

图 3-1-16　机器人工作范围设定的对话框

选择"配置关系"，弹出图 3-1-17 所示对话框，选择"M002－VMC600 加工中心""线边库""C002-龙门三坐标""T420 数控车床"进行动作关联，单击"保存"按钮。打开界面左上角按钮，单击"保存"按钮，对场景进行保存。

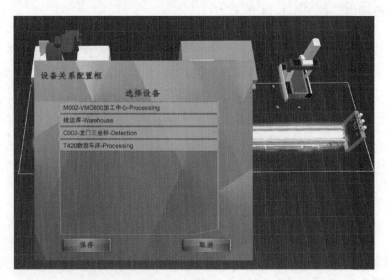

图 3-1-17　设备关系配置

（9）辅助设备的搭建　从"附件"库里依次选择 PC、机器人控制柜、从站控制柜和计算机，并按照实际场景进行搭建，如图 3-1-18 所示。完成搭建后单击左上角"保存"按钮保存项目，然后单击右上角的"退出"按钮，完成生产线的搭建。

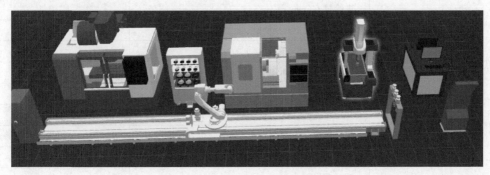

图 3-1-18　生产线完整搭建

六、任务实施

1. 顶盖零件工艺设计

（1）零件图样工艺分析　零件由台阶、槽、圆形型腔、平面构成，外形尺寸为 $\phi68$mm × 25mm，属于外形规整的盘类零件。对尺寸要求不高，要求轮廓及型腔表面粗糙度为 $Ra1.6\mu$m。加工内容为台阶面、槽及型腔，所需刀具不多。

（2）零件毛坯的工艺性分析　毛坯料为 $\phi68$mm × 27mm，圆棒料两端面平整、圆柱面与两端面垂直，两端面不需要加工，这些面可作为定位基准。零件毛坯的材料为 2A12 - T4，切削性能较好。

（3）选用设备　顶盖零件选用卧式数控车床和三轴控制两轴联动立式数控铣床，可利用现有条件：卧式数控车床和立式加工中心 VMC600。

（4）确定装夹方案

1）定位基准的选择：加工台阶及槽，以左端面为定位基准；加工型腔，以加工好的台阶为定位基准。

2）夹具的选择：由于顶盖零件小、外形规整，只需加工台阶、槽及型腔。数控车削加工，运用自定心卡盘定位夹紧；加工中心上加工型腔，运用可装夹圆柱面的平口钳定位夹紧。

（5）选择刀具及切削用量

1）车削外轮廓。因车削台阶面，所以在粗加工时，选择车刀的型号为 PCLNR2020K12，刀片型号为 CAMG120412-DR，刀片牌号为 YBC252；在精加工时，选择车刀的型号为 PCLNR2020K12，刀片型号为 CAMG120408-DM，刀片牌号为 YBC252。

2）车削槽。粗精加工槽选用同一把刀具，因槽宽 3mm，所以选择切槽刀具型号为 QFGD2020R13，刀片型号为 ZTFD0303-MG，刀片牌号为 YGB302。

3）铣型腔。选用 3 齿、$\phi8$mm 的高速钢立铣刀，切削深度为 9mm，分 2 次铣削。先粗铣圆形型腔，分 2 次铣削，每次铣削深度为 5mm，再精铣圆形型腔。选用的粗铣立铣刀型号为 AL-2E-D8.0 立铣刀，刀柄型号为 BT40-ZC20-80；选用的精铣立铣刀型号为 AL-3E-D8.0 立铣刀，刀柄型号为 BT40-ZC20-80。

4）切削用量的选择切削用量参数见表 3-1-1。

表 3-1-1　切削用量参数

位置	方式	参数	参量
车削外轮廓	粗车	背吃刀量 a_p/mm	11
		进给量 $f/(mm/r)$	0.4
		切削速度 $v_c/(m/min)$	250
		主轴转速 $n/(r/min)$	2000
	精车	背吃刀量 a_p/mm	0.5
		进给量 $f/(mm/r)$	0.25
		切削速度 $v_c/(m/min)$	350
		主轴转速 $n/(r/min)$	恒线速度
车削槽	车削	背吃刀量 a_p/mm	3
		进给量 $f/(mm/r)$	0.15
		切削速度 $v_c/(m/min)$	180
		主轴转速 $n/(r/min)$	1300
铣削	粗铣	切削速度 $V_c/(m/min)$	250
		每齿进给量 $f_z/(mm/Z)$	0.03
		进给速度 $V_f/(mm/min)$	600
		主轴转速 $n/(r/min)$	10000
	精铣	切削速度 $V_c/(m/min)$	250
		每齿进给量 $f_z/(mm/Z)$	0.03
		进给速度 $V_f/(mm/min)$	900
		主轴转速 $n/(r/min)$	10000

（6）填写工艺卡片　根据上述分析完成机械加工工艺过程卡片、数控加工刀具卡片和机械加工工序卡片的填写。顶盖的工艺文件见附录 C。

2. 智能制造生产线设备的选择

根据顶盖零件的加工要求，顶盖是轴类零件，需在卧式数控车床上完成轮廓加工，在加工中心上完成型腔的加工，在三坐标上完成尺寸检测，上下料需机器人完成，零件需放置在料仓中，整个产线的控制需主控单元和 MES 完成。根据加工数量确定顶盖零件的加工方式为批量生产，结合生产工艺搭建顶盖零件智能制造生产线，需一台卧式数控车床、一台加工中心、一台七轴机器人、一个立体仓库和一台装载主控单元的计算机。顶盖零件生产线的搭建，如图 3-1-19 所示。顶盖智能制

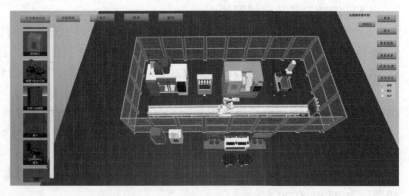

图 3-1-19　顶盖零件生产线搭建

造单元设备清单见表 3-1-2。

表 3-1-2 顶盖智能制造单元设备清单

序号	设备名称	主要技术参数	数量
1	数控车床	采用数控系统 FANUC 0i、正面气动门，配有以太网接口、自动夹具和自动门，可以远程起动；机床装有内置摄像头、气动清洁喷嘴；主轴转速为 3000 ~ 5000r/min；最大回转直径为 460mm；进给轴快移速度为 12 ~ 24m/min	1 台
2	加工中心	采用数控系统 FANUC 0i、正面气动门，配有以太网接口、自动夹具和自动门，可以远程起动；机床装有内置摄像头、气动清洁喷嘴；主轴最高转速为 6000r/min；最大切削进给率为 6m/min；机床功率为 15kW	1 台
3	6 自由度工业机器人系统	国产某型号的 6 自由度工业机器人系统由工业机器人以及夹具和导轨组成 工业机器人负载为 10 ~ 20kg、臂展为 1700mm 左右；支持以太网接口，控制系统具有 16 个 I/O 点 工业机器人导轨配备第七轴的地轨，具有伺服动力源、齿轮-齿条传动、重载型导轨副、坦克链和防护罩等部分；总长度 ≤5m，最快行走速度 >1.5m/min，机器人滑板承重 >500kg，重复定位精度高于 ±0.2mm，导轨有效行程约为 3800mm。配有 4 套快换夹持转换手爪图。机器人快换装置有握紧、松开、有无料检测功能，具备良好的气密性；机器人快换手爪放置台置于机器人第七轴侧面端。快换夹具工作台安装在靠近料仓侧并与行走轴本体端固定	1 套
4	立体仓库	工位设置 30 个，每层 6 个仓位，共 5 层，每个仓位或标准托盘配置 RFID 标签，其中 RFID 读写头安装在工业机器人夹具上；带有安全防护外罩及安全门，安全门设置工业标准的安全电磁锁；面板配备急停开关、解锁许可、门锁解除、运行；立体仓库底层放置方料，中间两层放置 φ68mm 圆料，上面两层放置 φ35mm 圆料。最下面一层放置 80mm×80mm×25mm 的方料	1 个
5	可视化系统及显示终端	总终端显示器采用 1 台 55in 显示器；库位终端、加工过程显示终端采用 2 台 40in 显示器。可实时呈现加数控机床的运行状态，工件加工情况（加工前、加工中、加工后），工件加工效果（合格、不合格），加工日志，数据统计等	3 台
6	中央控制系统	中央控制系统包含 PLC 电气控制系统及 I/O 通信系统，主要负责周边设备及机器人控制，实现智能制造单元的流程和逻辑总控。主控 PLC 采用 SIMATIC S7-1200 的 CPU 1215C DC/DC/DC，配有 Modbus TCP/IP 通信模块，并配置 16 路 I/O 模块，16 口工业交换机；外部配线接口必须采用航空插头，方便设备拆装移动	1 套
7	MES 管控软件	能实现加工任务创建、管理，立体仓库管理和监控，机床起停、初始化和管理，加工程序管理和上传，在线检测实时显示和刀具补偿修正；智能看板功能可实时监控设备、立体仓库信息以及机床刀具状态等；可完成工单下达、排程、生产数据管理、报表管理等工作任务	1 套
8	安全防护系统	设置安全围栏及带工业标准安全插销的安全门，用来防止出现工业机器人在自动过程中由于人员意外闯入而造成的安全事故。安全门打开时，除数控车床外的所有设备处于下电状态	1 套
9	CAD/CAM 软件	CAD/CAM 软件根据工件的 CAD 模型进行加工轨迹规划，生成零件加工 G 代码后处理程序，并上传至机床	1 套

任务 3.2 顶盖加工前的准备

一、任务描述

完成顶盖切削加工前的准备工作。

二、学习目标

1. 掌握子程序编程指令的指令格式及使用注意事项。
2. 掌握机器人流程控制指令 CALL 的使用。
3. 掌握机器人编程中 I/O 的使用。

三、能力目标

1. 会用子程序（分层铣削）编写型腔铣削加工程序。
2. 会用机器人示教器编写顶盖的上下料程序。
3. 会用顶盖的上下料机器人程序进行示教。

四、知识学习

顶盖零件加工前准备工作包括数控机床、工业机器人、料仓备料以及中央控制单元的准备工作。

1. 数控机床的准备工作

在智能制造系统智能加工顶盖零件前，数控机床须做好充分的准备工作，包括数控车床、加工中心的设备上电操作、手动对刀、自动开关门和自动夹具测试、摄像头的调整等。

顶盖零件既需要车削，也需要铣削，所以现场选用的是项目 1 中选用的 T420 数控车床、项目 2 中选用的 VMC600 立式加工中心，它们都是 FANUC 0i 数控系统。因在前两个项目中已做了详细介绍，所以在本项目中，不再赘述。

（1）子程序概念　子程序是指加工内容完全相同的重复要素，按一定的格式编写成供上一级程序调用的程序。子程序可以简化编程。

（2）子程序结构三要素　子程序结构三要素详见表 3-2-1。

表 3-2-1　子程序结构三要素

要　素	说　明
程序号	O×××××：O（字母）+4 位数字，导零可以省略
加工程序段	同主程序
程序结束符号	M99：子程序结束指令

子程序指令格式为

```
O×××××；
……
M99；（M99 不一定要单独成为一条程序段）
```

（3）子程序调用

1）调用格式为 M98　P△△△△×××× 。

2）说明。其中，△△△△表示重复调用的次数（最多9999）。如果省略了重复次数，则默认次数为1次，导零可略。××××表示子程序号，如果调用次数多于1次时，须用导零补足4位子程序号。

3）举例：① M98P32000 表示连续调用3次2000号子程序；② M98P30002 表示连续调用3次2号子程序；③ M98P2 表示调用1次2号子程序。

（4）子程序的嵌套　子程序的嵌套是指主程序调用子程序，子程序还可以调用下一级子程序，如图3-2-1所示。

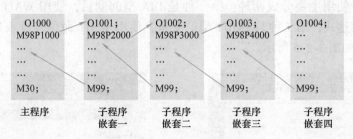

图 3-2-1　子程序嵌套

（5）子程序的执行　子程序的执行如图3-2-2所示。

1）子程序不能单独执行，必须由主程序或上级程序调用。

2）子程序与主程序同等地位，可单独输入。

3）主程序与子程序间中的G代码具有继承性。

4）当子程序中连续出现两段以上非移动指令或非刀补平面轴运动指令时，易出现P/S报警。

5）M98和M99必须成对出现，且不在同一编号的程序内。

2. 工业机器人的准备工作

在智能制造系统中，工业机器人除包括六轴工业机器人本体、机器人控制柜及示教器外，还有第七轴工业机器人行走导轨。以下主要介绍工业机器人常用编辑控制中的I/O控制。

（1）I/O的使用　I/O的使用从用途上主要分成两种，一种是数字I/O的使用，另一种则是Modbus的使用。I/O的连接如图3-2-3所示。各模块的名称及功能详见表3-2-2。

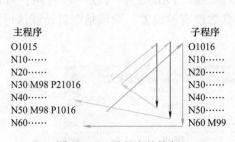

图 3-2-2　子程序的执行

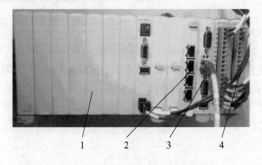

图 3-2-3　I/O 的连接

1—控制器模块（CP252/X）　2—总线通信模块（FX271/A）
3—扩展I/O模块　4—数字I/O模块（DM272）

表 3-2-2　各模块名称及功能

序号	名　　称	功能介绍
1	控制器模块（CP252/X）	控制器，可看作整个机器人的"大脑"
2	总线通信模块（FX271/A）	连接、控制伺服驱动器
3	扩展 I/O 模块	扩展支持各种总线及 I/O
4	数字 I/O 模块（DM272）	单个模块有 8 个输入口，8 个输出口，共计 32 个输入，32 个输出

数字 I/O 是使用频率最高的 I/O 通信方式，它是 bool 型的状态输入/输出。传感器、继电器、电磁阀等常用电气元件的状态或控制信号都是 bool 型。修改 I/O 变量界面如图 3-2-4 所示。

Modbus 的 I/O 使用主要分成两种：第一种是 DIN 型的变量，使用 WAIT 命令等待表达式，或与 IF 语句组合表达式；第二种是 DOUT 型的变量，使用 WAIT 命令等待表达式，或赋值语句给相应变量赋值，如图 3-2-5 所示。

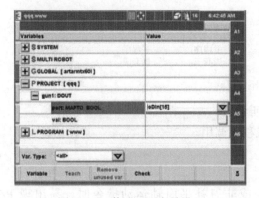
图 3-2-4　修改 I/O 变量界面

图 3-2-5　两种变量应用

（2）常见 I/O 相关指令

1）Dout. Set。对数字输出端口进行设置，设置输出为"TRUE"或"FLASE"，如图 3-2-6 所示。

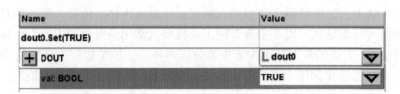
图 3-2-6　数字输出端口设置

2）Dout. Pulse。将数字输出端口设置为"TRUE"或"FALSE"，持续一段时间，可选参数设置脉冲是否在程序停止时能够被中断，如果可选参数没有被设置，则该指令自动默认可选参数为"FALSE"，如图 3-2-7 所示。

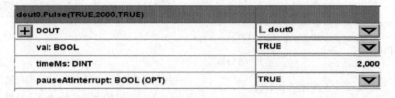
图 3-2-7　脉冲是否被中断设置

3）Din. Wait。等待直到数字输入端口被设置或重置，或者直到可选的时间终止，如图 3-2-8 所示。

图 3-2-8 等待直到数字输入端口被设置或重置

4）Dinw. Wait。这个指令会一直等待，直到输入字适合设定值，或者直到可选的时间超时了，如图 3-2-9 所示。

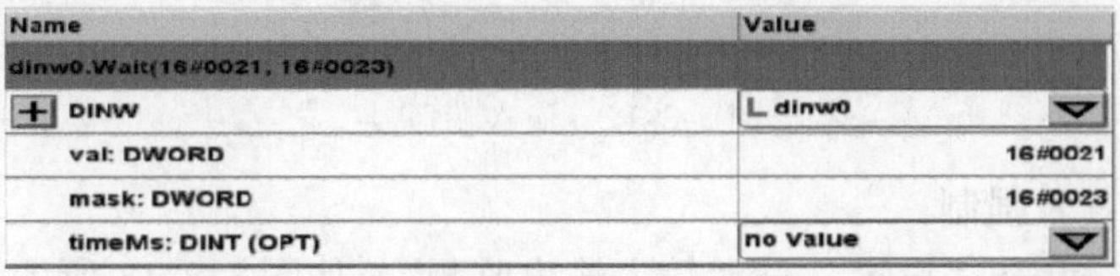

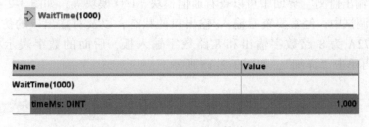

图 3-2-9 设置一直等待

5）WaitIsFinished。该命令用于同步机器人的运动以及程序执行。因为在程序当中，有的是多线程多任务，有的标志位高，无法控制一些命令运行的先后进程。使用该命令可以控制进程的先后顺序，使一些进程在指定等待参数之前被中断，直到该参数被激活后进程再持续执行。

6）WaitTime。该命令用于设置机器人等待时间，单位为 ms，假如设置等待 1s，设置如图 3-2-10 所示。

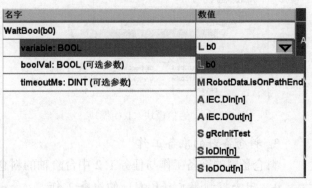

图 3-2-10 设置机器人等待时间

（3）I/O 变量操作 新建 I/O 变量步骤为：选择变量分类和类型，然后根据需要修改变量名，确认后按确定按钮。变量名没有实际意义，只是辅助记忆。系统会自动生成带序号的变量名，如没有特殊需求可以直接使用默认的变量名。变量名不能以数字开头。

I/O 变量除了数值外，还需指定对应的通信端口，如图 3-2-11 所示。I/O 变量有多种类型，需要设定不同的通信端口。如传感器和电磁阀的信号通常为数字量，为 bool 型，需要指定数字量端口。机器人与 PLC 的通信为整型。

图 3-2-11 通信端口

选择图 3-2-11 中的输入（或输出）端口，然后在弹出窗口输入端口号，如图 3-2-12 所示。

图 3-2-12　输入端口号

（4）I/O 变量监控及强制

1）单击"菜单"键→"设置"→"输入输出监测"，如图 3-2-13 所示。

图 3-2-13　变量检测

2）在"输入输出监测"界面中可以查看通信模块、I/O 模块等，如图 3-2-14 所示。

3）在机器人调试中，经常要查看输入/输出口的状态，以及对输出口的仿真（即强制输出口的状态），DM272A 为 8 路数字输出和 8 路数字输入板，后面的数字表示板的地址；选择"DM272A：0"，再单击"详细"，如图 3-2-15 所示。

图 3-2-14　通信模块、I/O 模块　　　　　　图 3-2-15　输入/输出口的状态

3. 料仓备料的准备工作

料仓备料的准备工作与任务 1.2 中台阶轴的料仓备料的准备工作相同，此处不再赘述。

4. 中央控制单元（PLC）的准备工作

PLC 的配置、功能和组态的准备工作与任务 1.2 中台阶轴的 PLC 的配置、功能和组态的准

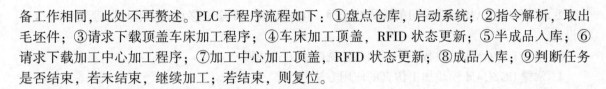

备工作相同，此处不再赘述。PLC子程序流程如下：①盘点仓库，启动系统；②指令解析，取出毛坯件；③请求下载顶盖车床加工程序；④车床加工顶盖，RFID状态更新；⑤半成品入库；⑥请求下载加工中心加工程序；⑦加工中心加工顶盖，RFID状态更新；⑧成品入库；⑨判断任务是否结束，若未结束，继续加工；若结束，则复位。

五、技能训练

1. 设备上电前准备

（1）检查急停按钮　操作同任务1.2中检查急停按钮，此处不再赘述。

（2）设备上电操作　数控车床上电、加工中心电源上电、主控柜电源上电、机器人控制柜电源上电，都将旋钮打到ON。

（3）控制系统上电操作　数控车床数控系统上电、加工中心数控系统上电、主控柜按下起动按钮、机器人控制柜开伺服。

2. 设备上电后的操作

（1）数控车床的操作　数控车床手动对刀、自动开关门操作、数控车床内摄像头调整的操作方法与任务1.2中的操作方法相同，此处不再赘述。

（2）加工中心的操作　数控机床手动对刀、自动开关门操作、加工中心内摄像头调整的操作方法与任务2.2中的操作方法相同，此处不再赘述。

（3）工业机器人操作　工业机器人新建程序、机器人模式切换、网络连接的操作过程与任务1.2中操作过程相同，此处不再赘述。

3. 关闭设备

（1）数控车床关机　按下数控系统关机和急停按钮，在设备后面关闭电源。

（2）加工中心关机　按下数控系统关机和急停按钮，在设备后面关闭电源。

（3）工业机器人关机　关闭工业机器人的伺服按钮，待绿色指示灯熄灭后，电源旋钮逆时针旋转90°断开电源，关机完成。通常在关机之后，按下急停按钮防止他人误操作。

（4）计算机和主控柜关机　关闭MES和相关操作软件并注意保存资料，单击关闭计算机按钮；关闭主控柜的使能和电源开关，完成关机，按下急停按钮。

（5）关闭总电源断路器　在前面所有设备均关闭的前提下，关闭总电源断路器。

六、任务实施

工业机器人系统共配备了3个手爪，如图1-2-38所示。顶盖上下料程序包括取手爪示教程序、料仓取料示教程序、料仓放料示教程序、加工中心上料示教程序、加工中心下料示教程序和放手爪示教程序。

顶盖上下料
示教程序

任务3.3　顶盖零件首件试切

一、任务描述

运用数控车床T420和加工中心VMC600，完成如图3-0-1所示顶盖零件的首件试切。

二、学习目标

1. 掌握UG/CAM模块中数控车削和数控铣削加工。

2. 掌握 UG/CAM 模块中切削模式的选择，切削参数、非切削移动速度、切削速度和进给率的设置。

3. 掌握 UG/CAM 模块数控车削和数控铣削加工后处理。

4. 掌握 UG/CAM 模块加工仿真的使用方法。

三、能力目标

1. 会根据零件结构特征和工艺要求合理选择加工方法。

2. 会合理选用切削模式、切削深度，能合理设置切削参数、非切削移动速度、切削速度和进给率。

3. 会使用仿真功能判断刀具轨迹的合理性。

四、知识学习

1. 机床介绍

（1）数控车床的选择　在本任务中，选用的是数控车床 T420，是 FANUC 0i 数控系统。数控车床 T420 配置的是后置转塔式刀架，夹具为自定心卡盘，为气动控制软爪。

（2）加工中心的选择　在本任务中选用的是立式加工中心 VMC600，FANUC 0i 数控系统。加工中心使用的夹具为气动台虎钳，为气动控制，夹具配有气压平口钳和零点夹具。气压平口钳用于装夹顶盖零件，零点夹具用于装夹上盖、底板零件。

2. 顶盖智能制造系统操作流程

（1）顶盖的加工　智能制造系统的操作流程如图 3-3-1 所示，根据顶盖的零件图进行操作，第一步是编制顶盖的数控加工程序，包括车削程序和铣削程序；第二步是确定车削和铣削的刀具；第三步是数控车床和加工中心分别对刀，这三步工作是准备工作，准备工作要准确完成，才能进行智能制造系统的联调。

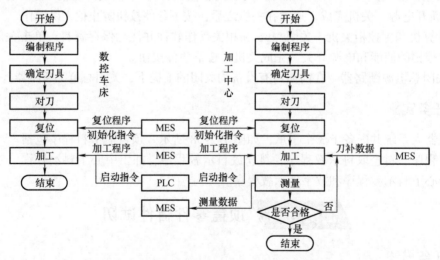

图 3-3-1　顶盖智能制造系统操作流程图

（2）顶盖的智能制造　从 MES 下发复位程序及初始化指令，即机床门开、回原点、车床卡盘松开、加工中心气动平口钳松开，也是为顶盖的智能加工、数控车床加工和加工中心加工做好充分准备。准备工作完成后，MES 下发顶盖的加工程序，MES 的指令下发给 PLC，PLC 控制机器人和数控机床动作，进行智能加工顶盖。

3. 数控车床和加工中心常用的 M 代码

数控车床常用的 M 代码见表 3-3-1，加工中心常用的 M 代码见表 3-3-2 所示。

表 3-3-1　数控车床 M 代码

序号	代码	功能	按键
1	M08	水开	水泵按键
2	M09	水关	
3	M10	液压卡盘夹紧	卡盘按键
4	M11	液压卡盘松开	
5	M12	相机吹气开	吹气按键
6	M13	相机吹气关	
7	M26	主轴吹气开	吹气按键
8	M27	主轴吹气关	
9	M16	门开	F2 按键
10	M17	门关	

表 3-3-2　加工中心常用 M 代码

序号	M 代码	注释	按键
1	M08	水开	水泵按键
2	M09	水关	
3	M12	相机吹气开	F1 按键
4	M13	相机吹气关	
5	M26	主轴吹气开	吹气按键
6	M27	主轴吹气关	
7	M16	门开	F2 按键
8	M17	门关	
9	M46	零点夹具开	安全门互锁按键
10	M47	零点夹具关	
11	M66	零点夹具吹气开	无
12	M67	零点夹具吹气关	
13	M76	平口钳夹紧	F3 按键
14	M77	平口钳松开	
15	M78	测头量开启	无
16	M79	测头量关闭	

4. UG 软件

UG 软件加工模块数控车削和数控铣削的加工操作，已分别在任务 1.4 中台阶轴的切削和任务 2.4 中上盖的数控铣削中详细介绍，此处不再赘述。

五、任务实施

1. 零件技术分析

顶盖零件材料为2A12-T4, 容易加工且结构简单, 主要有以下特点:

1) 毛坯为半成品, 一端倒角已加工好, 半成品的尺寸为 $\phi68\text{mm} \times 27\text{mm}$。

2) 加工部位为零件一端外轮廓和槽, 另一端型腔。

3) 零件的精度较低。

4) 零件外轮廓和槽需在数控车床上完成, 型腔需在加工中心上完成。

2. 零件加工工序

因为零件仅需轮廓和型腔加工, 且均需半精加工和精加工, 故半精加工时需留精加工余量。

(1) 创建顶盖 顶盖三维图如图3-3-2所示。

(2) 创建粗车削外圆加工工序 单击创建工具条上的"创建工序"按钮, 在"创建工序"对话框中, 工序子类型选择"粗车外圆"图标, 如图3-3-3所示。确认选项后单击"确定"按钮, 开始粗车外圆加工工序的创建。系统将打开"外径粗车"工序对话框。

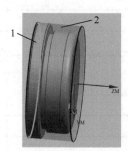

图3-3-2 顶盖三维图
1—零件 2—毛坯

(3) 创建外圆刀具 单击"创建刀具"图标, 设置外圆刀具参数, 刀片形状选择"W"形, 刀片位置为"顶侧", 刀尖半径为"0.8", 刀片长度为"8", 如图3-3-4所示。

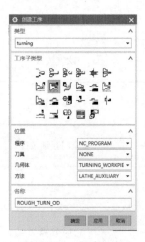

图3-3-3 创建工序

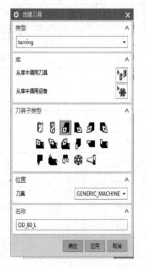

图3-3-4 车刀设置

(4) 刀轨设置 在切削策略组中选择"单向线性切削", 在同一方向创建平行切削。在刀轨设置组, 设置水平角度为"180", 切削深度定义方式为"变量平均值", 最大值为"3", 最小值为"0"; 变换模式为"省略", 清理"全部"; 勾选"附加轮廓加工"选项, 如图3-3-5所示。

(5) 进给率和速度设置 单击"进给率和速度"图标, 设置进刀、退刀进给率为"100", 步进为"0.2", 展开更多选项, 设置第一刀切削为"100", 打开"轮廓加工"选项, 设置轮廓加工各参数值均为"50", 如图3-3-6所示。

图 3-3-5　刀轨设置

图 3-3-6　进给率和速度设置

（6）切削参数设置　单击"切削参数"图标，在"余量"选项卡中，设置粗加工余量的恒定值为"0.5"，其余各项均为"0"，如图 3-3-7 所示，然后单击"确定"按钮完成切削参数设置。

（7）非切削移动设置　单击"非切削移动"图标，在"进刀"选项卡中，设置进刀类型为"线性-自动"，指定延伸距离为"1"，如图 3-3-8 所示，然后单击"确定"按钮完成非切削移动设置。

图 3-3-7　切削参数设置

图 3-3-8　非切削移动设置

（8）生成刀具轨迹　确认其他选项参数设置后，在工序对话框中单击"生成"按钮，生成刀具轨迹如图 3-3-9 所示。

（9）确定工序　检视刀具轨迹，确认正确后，单击"外径粗车"工序对话框中的"确定"按钮，接受刀具轨迹并关闭"外径粗车"工序对话框。

（10）创建外圆切槽加工工序　单击创建工具条上的"创建工序"按钮，在创建工序对话框中，工序子类型选择"外径开槽"图标，刀具为"OD_GROOVE_L（槽刀-标准）"，如图3-3-10所示。确认选项后单击"确定"按钮，开始切槽加工工序的创建。系统将打开"外径开槽"对话框，如图3-3-11所示。

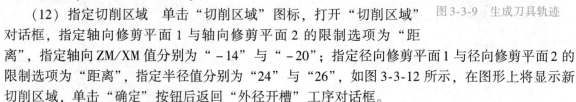

图3-3-9　生成刀具轨迹

（11）刀轨一般设置　在"外径开槽"对话框中，切削策略选择"单向插削"，如图3-3-11所示。

（12）指定切削区域　单击"切削区域"图标，打开"切削区域"对话框，指定轴向修剪平面1与轴向修剪平面2的限制选项为"距离"，指定轴向ZM/XM值分别为"-14"与"-20"；指定径向修剪平面1与径向修剪平面2的限制选项为"距离"，指定半径值分别为"24"与"26"，如图3-3-12所示，在图形上将显示新切削区域，单击"确定"按钮后返回"外径开槽"工序对话框。

（13）创建刀具　单击"创建刀具"图标，如图3-3-13所示。设置槽刀参数，在"工具"选项卡中，刀片形状选择"标准"，刀片位置为"顶侧"，方向角度为"90"，刀片长度为"12"，刀片宽度为"3"（槽宽3mm），刀尖半径为"0.2"，然后单击"确定"按钮，如图3-3-14所示。

图3-3-10　创建工序

图3-3-11　外径开槽设置

图3-3-12　切削区域设置

（14）切削参数设置　单击"切削参数"图标，在"切屑控制"选项卡中，设置切屑控制方式为"恒定安全设置"，恒定增量为"2"，安全距离为"1"，如图3-3-15所示。然后单击"确定"按钮，完成切削参数设置。

（15）非切削移动设置　单击"非切削移动"图标，在"离开"选项卡中，设置运动到返回点/安全平面的运动类型为"径向→轴向"，如图3-3-16所示，然后单击"确定"按钮，完成非切削移动设置。

（16）进给率和速度设置　单击"进给率和速度"图标，设置表面速度（SMM）为"100"，切削进给率为"0.1"，然后单击"确定"按钮，完成进给率和速度设置，如图3-3-17所示。

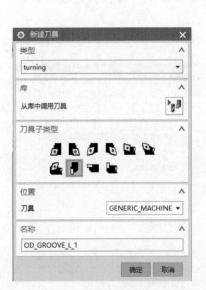

图 3-3-13 创建刀具

图 3-3-14 槽刀参数设置

图 3-3-15 切削参数设置

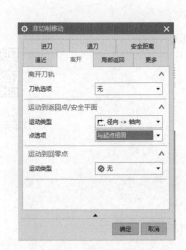

图 3-3-16 非切削移动设置

图 3-3-17 进给率和速度设置

（17）生成刀具轨迹 检视刀具轨迹，确认正确后，单击工序对话框中的"确定"按钮，接受刀具轨迹并关闭"外径开槽"工序对话框。单击"工序导航器"图标，显示工序导航器顺序视图，选择程序"NC_PROGRAM"，如图 3-3-18 所示。

（18）生成顶盖零件后处理程序 如图 3-3-19 所示，右击"NC_PROGRAM"，在弹出菜单中选择"后处理"选项，出现如图 3-3-20 所示的后处理对话框，选择"LATHE_2_AXIS_TURRET_REF"，选择程序存放文件夹，单位选择"公制/部件"，然后单击"确定"按钮，完成后处理设置。

（19）生成程序　生成的顶盖的车削加工程序如图 3-3-21 所示。

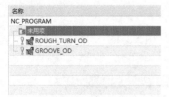

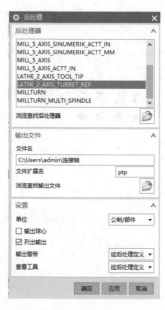

图 3-3-18　工序导航器视图　　　　　图 3-3-19　选择后处理　　　　　图 3-3-20　后处理设置

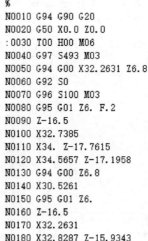

顶盖车削加工示教程序

```
%
N0010 G94 G90 G20
N0020 G50 X0.0 Z0.0
:0030 T00 H00 M06
N0040 G97 S493 M03
N0050 G94 G00 X32.2631 Z6.8
N0060 G92 S0
N0070 G96 S100 M03
N0080 G95 G01 Z6. F.2
N0090 Z-16.5
N0100 X32.7385
N0110 X34. Z-17.7615
N0120 X34.5657 Z-17.1958
N0130 G94 G00 Z6.8
N0140 X30.5261
N0150 G95 G01 Z6.
N0160 Z-16.5
N0170 X32.2631
N0180 X32.8287 Z-15.9343
```

图 3-3-21　顶盖的车削加工程序

注意：顶盖的上料是由机器人完成的，机器人手爪抓取毛坯料送入自定心卡盘，然后卡爪夹紧，这个过程中为保证定位准确，在机器人手爪把毛坯送入卡盘后，卡盘夹紧毛坯，机器人手爪松开并退出至机床外。顶毛坯的工具具有一定的弹性，安装在转塔刀架的 8 号刀位上，执行顶毛坯的程序，在顶毛坯的工具顶住毛坯后，卡盘先松开，使毛坯充分靠紧左端面，卡盘再夹紧，毛坯定位准确。顶毛坯的程序同任务 1.3，放在顶盖车削加工程序的前面，此处不再赘述。

（20）创建顶盖铣削工序

1）创建铣削加工坐标系如图3-3-22所示。与工件放置于立式加工中心气动卡盘上的坐标系一致。

2）单击"创建程序"图标，创建铣槽的程序，如图3-3-23所示。

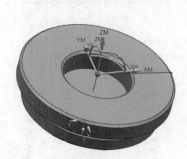

图3-3-22　创建铣削加工坐标系

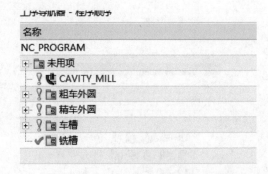

图3-3-23　创建程序

3）双击"WORKPIECE"，弹出"工件"对话框，分别定义指定部件（零件）和指定毛坯，如图3-3-24所示。

4）单击"创建刀具"图标，弹出"创建刀具"对话框，将名称修改为"T0101"，然后单击"确定"按钮，如图3-3-25所示。弹出"铣刀参数"对话框，在"工具"选项卡中，定义直径为"10"，刀具号为"1"，其余采用默认值，如图3-3-26所示。

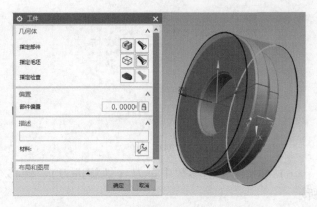

图3-3-24　定义指定部件（零件）和指定毛坯

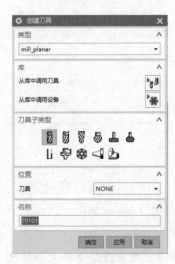

图3-3-25　创建刀具

图3-3-26　铣刀参数设置

5）右击"WORKPIECE"，在弹出菜单中选择"插入工序"，弹出"创建工序"对话框，工序子类型选择"底壁加工"图标，刀具选择"T0101（铣刀-5 参数）"，名称为"FLOOR_WALL_1"，然后单击"确定"按钮，如图3-3-27 所示。在弹出的"底壁加工"对话框中，指定切削区的底面为槽的底面，刀具选择"T0101（铣刀-5 参数）"，其余的参数设置如图3-3-28 所示。

图 3-3-27　创建工序

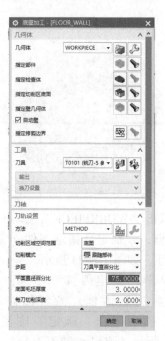

图 3-3-28　底壁加工设置

6）非切削移动参数中进刀（螺旋进刀）、转移/快速的设置分别如图 3-3-29、图 3-3-30 所示。

图 3-3-29　进刀设置

图 3-3-30　转移/快速设置

7）进给率和速度的设置，如图3-3-31 所示。

注意：只要定义表面速度和切削速度，就可以通过计算得出每齿进给量和主轴转速。

8）生成刀具轨迹，如图3-3-32 所示。

9）生成后处理程序，如图 3-3-33 所示。

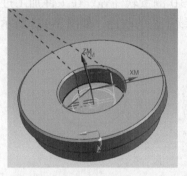

图 3-3-31　进给率和速度设置　　　图 3-3-32　生成刀具轨迹　　　图 3-3-33　生成后处理程序

任务 3.4　顶盖的智能加工

一、任务描述

运用搭建的智能制造产线，完成如图 3-0-1 所示顶盖零件批量生产的智能加工。

二、学习目标

1. 理解 MES 软件中质量管理、设备管理等概念。
2. 了解产品质量和质量数据的概念。
3. 了解质量管理活动、质检类型、质检流程和主要质检环节。
4. 了解设备维护管理活动、维护类型和主要维护方法。

三、能力目标

1. 会收集和管理质量数据。
2. 会用 MES 软件完成管理质检作业。
3. 会用 MES 管理车间里的设备维护活动。
4. 会用 MES 配置智能制造生产工艺。
5. 会用 MES 完成顶盖零件智能加工。

四、知识学习

1. 智能制造工艺
在智能制造中，工艺是指物料从仓库出料到成品入库的整个过程中的所有工序。
工序是指物料在生产加工设备或检测设备上发生的任务，在同一个设备的任务定义为一个工序。工步是指在智能产线上每个设备上的任务，任务可以划分为三个工步，一是把坯料放入设备中，二是设备进行加工，三是把成品取出。

2. 智能产线中质量控制

（1）视觉系统　视觉系统可检测零件的外形、表面缺陷、颜色等，通常也具备定位功能，可用于引导机器人夹取工件，如图3-4-1所示。

（2）在机检测　在机检测以机床硬件为载体，附以相应的测量工具。硬件有机床测量头、机床对刀仪等；软件有宏程式、专用3D测量软件等。在工件加工过程中，实时在机床上进行几何特征的测量，根据检测结果指导后续工艺的改进，如图3-4-2所示。

图3-4-1　视觉系统

图3-4-2　在机检测

（3）三坐标测量仪　三坐标测量仪用于高精度尺寸误差测量，如图3-4-3所示。

图3-4-3　三坐标测量仪

五、技能训练

在 MES 中熟练掌握生产工艺的配置，对刀具和产品质量进行管理。

1. 工艺配置管理

在软件左边状态栏中，单击"工艺配置管理"，下拉菜单出现"工艺管理"页面，在该页面配置工艺信息，如图3-4-4所示。一个零件或产品的生产工艺是由工序和工步组成的，一个工艺一般由多个工序组成，一个工序可以由多个工步组成。

图 3-4-4 工艺管理

零件工艺配置管理的顺序是工艺管理→工序管理→工步管理。

（1）工艺管理 在"工艺管理"中单击"新增"按钮，弹出"工艺配置建模"对话框，如图 3-4-5 所示。节点名称为"顶盖生产工艺"。加工产品选择"GS000300-顶盖"，该项指这个工艺加工零件的种类。显示序号是指多个零件生产工艺的情况下，用列表排列顺序。然后单击"保存"按钮。

图 3-4-5 工艺配置

（2）工序管理 在"工艺管理"中，选中"顶盖生产工艺"，然后在"工序管理"中单击"新增"按钮，弹出"工艺配置建模"对话框，如图 3-4-6 所示。工序名称为"铣削加工"（可以自定义）。使用设备类型选择"VMC600 加工中心-Processing"。使用程序是指完成该工序生产加工的零件的加工程序。加工预计时长和加工成本，在前面配置零件程序的时候已经配置过，自动同程序名进行捆绑。第几道工序是指一个工艺中包含几个工序时，工序执行的先后顺序，根据工艺单上先后顺序依次向后排。然后单击"保存"按钮。

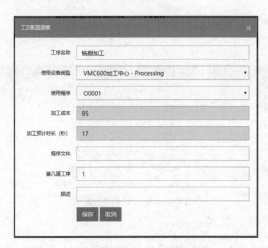

图 3-4-6 工序管理

（3）工步管理 在"工艺管理"中，选中"顶盖生产工艺"，然后在"工序管理"中选中"铣削加工"，然后在"工步管理"中单击"新增"按钮，每单击一次出现一个工步，配置3个工步，排序号为"1""2""3"，对应工步名称分别为"Get""Do""Put"，这个排序号和工步名称保持不变，每个工序后面都需要配置这3个工步，如图3-4-7所示。

"Get"是指该工序加工零件取料的过程，使用参数选择"线边库"。"Do"是指加工设备运行程序生产零件，前面已经选择，所以此处使用参数不再选择。"Put"是指零件加工结束后，机器人把零件取出放到指定设备，使用参数选择"线边库"。

预计耗时处输入的时间是仿真运行时调用的时间。

图3-4-7　工步管理

2. 刀具管理

刀具管理页面，如图3-4-8所示，在该页面设置将当前机床刀库中的刀具信息采集到SMES软件系统当中。刀具信息的采集是双向的，在SMES软件上可以根据工件测量的结果对刀补进行修改，然后启动系统进行返修加工。

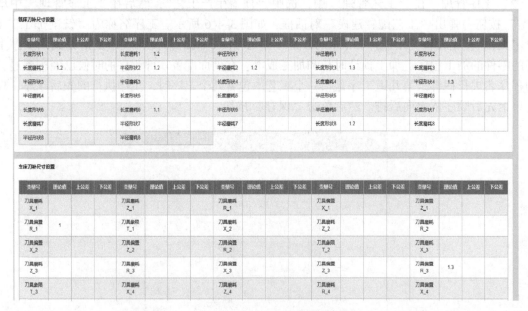

图3-4-8　刀具管理

3. 质量管理

1）在线检测信息管理界面中，在线测量的数据被采集显示在"测量尺寸"栏，尺寸的允许上（下）偏差可以根据实际需要定义或直接导入图样公差范围，在"检测信息"输入框输入测量名称，可以查询测量记录，如图 3-4-9 所示。

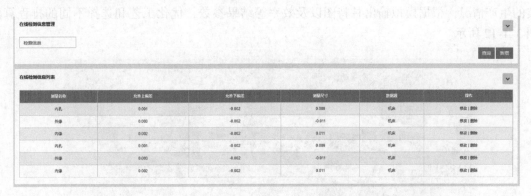

图 3-4-9　在线检测信息管理界面

2）产品质量管理界面中，可以搜索查看产品质量情况，MES 自动采集和统计智能生产过程中的质量数据，如图 3-4-10 所示。

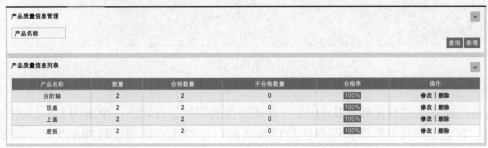

图 3-4-10　产品质量管理界面

顶盖的
智能制造

六、任务实施

1. 选择订单的排程方式

为生产顶盖编号 P0000003 的订单选择优先级的排程算法进行排程，如图 3-4-11 所示。

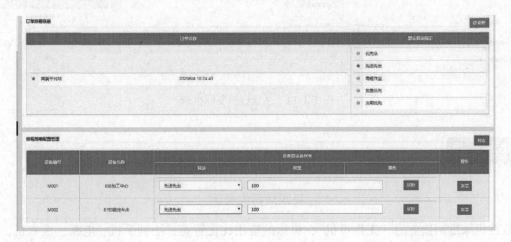

图 3-4-11　顶盖生产排程

2. 模拟生产

选择模拟生产，模拟生产的仿真节拍将根据安排生产工艺时录入的时长进行运行，能模拟出真实的生产情况，根据模拟输出甘特图以及效率等结果参数，优化工艺和选择不同的排程算法，如图3-4-12所示。

图3-4-12　顶盖订单模拟仿真生产

3. 订单实际生产

通过仿真运行确认工艺最优后，从3D运行界面切换到实际运行状态，单击图3-4-13中三角形启动按钮，自动生产线将启动依照所选排程算法的产生的生产队列进行加工生产，完成订单内容。

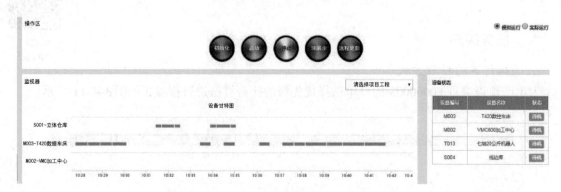

图3-4-13　顶盖订单实际生产

拓展活动

我国高精尖机床

数控机床是制造业的"工作母机"，机床的应用比比皆是，小到手机、电视、洗衣机，大到汽车、高铁、飞机、火箭，精细如医学植入物和医疗器械等的制造都离不开机床。数控机床是衡量一个国家制造业水平高低的战略物资之一。数控加工工艺课程内容与高端数控机床所包含的新知识、新技术、新工艺高度匹配。

请大家查阅资料，简述我国高精尖机床设备所包含的新知识、新技术和新工艺。

项目

组件的智能制造单元生产与管控

一、项目描述

现需生产如图4-0-1、图4-0-2所示的组件装配图，共包括4个零件，分别是台阶轴、顶盖、上盖和底板。其中台阶轴、上盖、顶盖和底板的零件图分别如图1-0-1、图2-0-1、图3-0-1和图4-0-3所示。提供的组件坯料图见附录E，试完成组件的智能生产与管控。

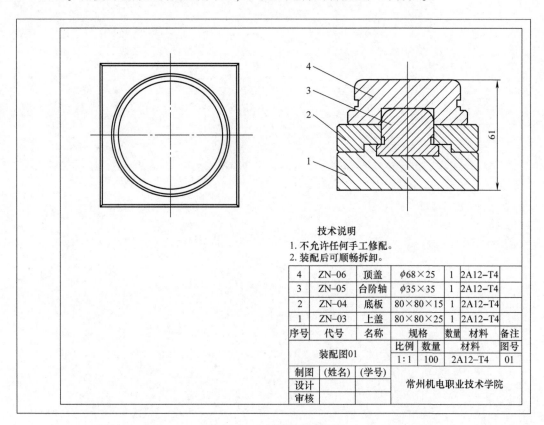

技术说明
1. 不允许任何手工修配。
2. 装配后可顺畅拆卸。

4	ZN-06	顶盖	$\phi68\times25$	1	2A12-T4	
3	ZN-05	台阶轴	$\phi35\times35$	1	2A12-T4	
2	ZN-04	底板	$80\times80\times15$	1	2A12-T4	
1	ZN-03	上盖	$80\times80\times25$	1	2A12-T4	
序号	代号	名称	规格	数量	材料	备注
装配图01			比例	数量	材料	图号
			1:1	100	2A12-T4	01
制图	(姓名)	(学号)				
设计			常州机电职业技术学院			
审核						

图4-0-1　4个零件的装配图

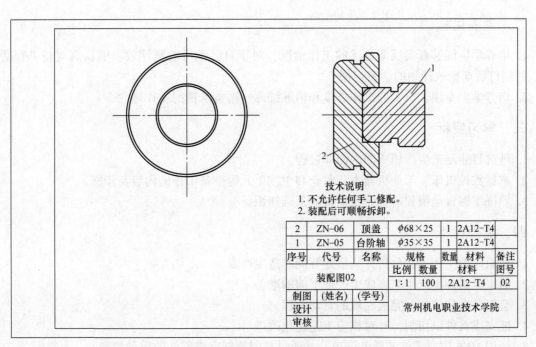

技术说明
1. 不允许任何手工修配。
2. 装配后可顺畅拆卸。

2	ZN-06	顶盖	ϕ68×25	1	2A12-T4	
1	ZN-05	台阶轴	ϕ35×35	1	2A12-T4	
序号	代号	名称	规格	数量	材料	备注
装配图02			比例	数量	材料	图号
			1:1	100	2A12-T4	02
制图	(姓名)	(学号)	常州机电职业技术学院			
设计						
审核						

图 4-0-2 顶盖和台阶轴的装配图

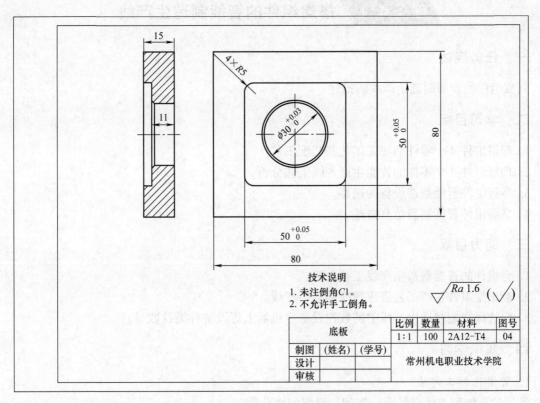

技术说明
1. 未注倒角C1。
2. 不允许手工倒角。

$\sqrt{}$ $Ra\ 1.6$ $(\sqrt{})$

底板			比例	数量	材料	图号
			1:1	100	2A12-T4	04
制图	(姓名)	(学号)	常州机电职业技术学院			
设计						
审核						

图 4-0-3 底板零件图

二、素养目标

1. 培养学生能够真实反馈自己的工作情况，对于自己学习的测评效果能认真对待并反思原因，并制订后期整改计划的学习习惯。

2. 培养学生专注、负责的工作态度和精雕细琢、精益求精的工作理念。

三、学习目标

1. 理解智能制造生产模式的内涵和过程。

2. 掌握数控机床、工业机器人、料仓和中控单元等准备工作的内容与步骤。

3. 熟练掌握自动编程与工业机器人的基础知识。

四、能力目标

1. 会组件的生产工艺分析并能搭建智能制造生产线。

2. 能根据组件生产工艺完成生产加工前的准备工作。

3. 会用三维软件自动完成底板的自动编程。

4. 能完成首件试切削，并对相应工艺优化改进。

5. 会用 MES 完成零件的任务下单，并通过控制软件完成零件的质量检测。

任务4.1 搭建组件的智能制造生产线

一、任务描述

完成组件的智能制造生产线的搭建。

二、学习目标

1. 理解组件 4 个零件的加工工艺和装配工艺。

2. 理解组件 4 个零件的智能生产线工艺分析。

3. 掌握组件智能制造设备的选型。

4. 掌握组件智能制造仿真搭建。

三、能力目标

1. 会组件的智能制造生产线工艺分析。

2. 会根据组件生产工艺搭建智能制造生产线。

3. 会选择智能制造生产线中的数控设备、机器人等设备种类及数量。

四、知识学习

1. 常用孔加工方法

常用的孔加工方法有扩孔、铰削、镗削、锪孔等。

（1）扩孔 扩孔是用扩孔钻（见图4-1-1）对已钻出的孔做进一步加工，以扩大孔径并提高精度和降低表面粗糙度值。扩孔可达到的尺寸标准公差等级为 IT11 ~ IT10，表面粗糙度为 12.5 ~ 6.3μm，属于孔的半精加工方法，常作为铰削前的预加工，也可作为对精度要求不高的孔的终加工。

扩孔与钻孔相比，加工精度高，表面粗糙度值较低，且可在一定程度上校正钻孔的轴线误差。此外，适用于扩孔的机床与钻孔相同。

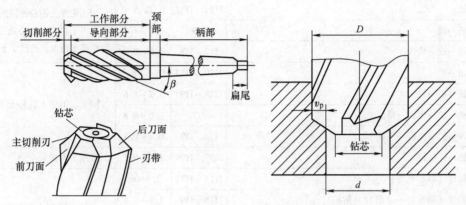

图 4-1-1 扩孔钻

（2）铰削　铰削广泛应用于不淬火工件上孔的精加工（表面淬火工件除外）。一般是以精度要求较高的小孔为加工对象。手铰孔径一般为 $\phi 1 \sim \phi 50mm$；机铰孔径为 $\phi 10 \sim \phi 80mm$。铰孔的精度主要由刀具结构和精度来保证。

（3）镗削　镗刀旋转做主运动，工件或镗刀做进给运动的切削加工方法称为镗削加工。镗削加工主要在铣镗床、镗床上进行。在一些箱体类和形状复杂的工件（如发动机缸体、机床变速箱等大型零件）上有数量较多、直径较大、精度要求较高的孔，这类孔的加工在一般机床上进行是比较困难的，用镗床加工则比较容易。

镗孔可以用于孔的粗加工、半精加工和精加工，可以用于加工通孔和盲孔。对工件材料的适应范围也很广，一般有色金属、灰铸铁和结构钢等都可以镗削。镗孔的标准公差等级一般为 IT7 ~ IT9，表面粗糙度为 $0.8 \sim 6.3\mu m$。如在坐标镗床、金刚石镗床等高精度镗床上镗孔，标准公差等级可达到 IT6 以上，表面粗糙度一般为 $0.8 \sim 1.6\mu m$，用超硬刀具材料对铜、铝及其合金进行精密镗削时，表面粗糙度可达 $0.2\mu m$。

（4）锪孔　锪孔是指在已加工的孔上加工圆柱形沉头孔、锥形沉头孔和凸台端面等的加工方法，如图 4-1-2 所示。锪孔时使用的刀具称为锪钻，一般用高速钢制造。加工大直径凸台断面的锪钻，可用硬质合金重磨式刀片或可转位式刀片，用镶齿或机夹的方法固定在刀体上制成。锪钻导柱的作用是导向，以保证被锪沉头孔与原有孔同轴。

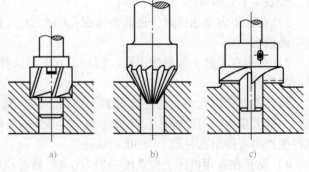

图 4-1-2 锪孔

锪孔方法和钻孔方法基本相同。锪孔时存在的主要问题是由于刀具振动而使所锪孔口的端面或锥面产生振痕，使用麻花钻改制的锪钻，振痕尤为严重。

2. 孔加工方案
孔加工方案见表 4-1-1。

表 4-1-1　孔加工方案

序号	加工方案	标准公差等级	表面粗糙度 $Ra/\mu m$	适用范围
1	钻	IT11~IT12	12.5	加工未淬火钢及铸铁的实心毛坯,也可用于加工有色金属(但要求表面粗糙度稍大,孔径小于20mm)
2	钻→铰	IT9	3.2~1.6	
3	钻→铰→精铰	IT7~IT8	1.6~0.8	
4	钻→扩	IT10~IT11	12.5~6.3	同上,但要求孔径大于20mm
5	钻→扩→铰	IT8~IT9	3.2~1.6	
6	钻→扩→粗铰→精铰	IT7	1.6~0.8	
7	外→扩→机铰→手铰	IT6~IT7	0.4~0.1	
8	钻→扩→拉	IT7~IT9	1.6~0.1	可用于大批量生产
9	粗镗(或扩孔)	IT11~IT12	12.5~6.3	可用于除淬火钢外的各种材料,毛坯有铸出孔或锻出孔
10	粗镗(粗扩)→半精镗(精扩)	IT8~IT9	3.2~1.6	
11	粗镗(扩)→半精镗(精扩)→精镗(铰)	IT7~IT8	1.6~0.8	
12	粗镗(扩)→半精镗(精扩)→精镗→浮动镗刀精镗	IT6~IT7	0.8~0.4	
13	粗镗(扩)→半精镗→磨孔	IT7~IT8	0.8~0.4	主要用于淬火钢,也用于未淬火钢,但不宜用于有色金属
14	粗镗(扩)→半精镗→粗磨→精磨	IT6~IT7	0.2~0.1	
15	粗镗→半精镗→精镗→金钢镗	IT6~IT7	0.4~0.05	主要用于精度要求高的有色金属加工
16	钻→(扩)→粗铰→精铰→珩磨; 钻→(扩)→拉→珩磨; 粗镗→半精镗→精镗→珩磨	IT6~IT7	0.2~0.025	主要用于加工精度要求很高的孔
17	以研磨代替上述方案中的珩磨	IT6以上	0.1~0.06	

1)孔加工方案的选择与回转表面、平面的加工方案选择一样,根据表面的精度和粗糙度要求,查表 4-1-1 即可。

2)孔加工方案选择时,还需要考虑孔的大小、材料等要求,在表 4-1-1 中的适用范围一栏有明确说明。

3)如果在毛坯上没预制出孔,粗加工方案须选择钻;如果毛坯已预制出孔,粗加工方案可以选择粗镗。

铸件不可铸出孔径,与工件材料、铸造方式、壁厚、深度、生产批量等有关。以灰铸铁为例,一般大量生产时可铸孔直径最小为 12~15mm,成批生产时可铸出孔径最小为 15~30mm,单件生产时可铸出孔径最小为 30~50mm。

4)钻孔在通用机床上位置度一般为 0.4,数控机床加工位置度可以达到 0.2;扩孔可以适当提高孔的位置度,铰孔不可以改变孔的原有位置度,镗孔可以修正孔的位置度,数控机床加工位置度可以达到 0.01。

五、技能训练

1. 新建组件智能制造项目

打开 SMES 软件,进入工程管理界面,建立新项目——"组件制造单元",输入项目名称和项目描述。项目创建成功后，右击新项目，进入布局规划界面。

2. 进入搭建界面

单击"3D展示"按钮进入搭建界面，如图4-1-3所示，由于需要载入后台数据库，载入过程需要20s左右。

图4-1-3中，"退出"是指退出三维搭建界面；"重新连接"是指在没有连接到服务器的情况下，单击该按钮重新连接；"重置场景"是指三维场景初始化；"动画加速"是指选择动画仿真的速度，最大可以10倍速度运行，如图4-1-4所示。"软件状态"有"搭建""模拟""实时"三种模式，选择"搭建"按钮，界面左上角会弹出搭建菜单；"模拟"是指可以虚拟仿真；"实时"是指设备已与实际产线相连接，SMES软件系统驱动实际产线。

图4-1-3　搭建界面

图4-1-4　按钮介绍

3. 搭建菜单

选择搭建模式后，弹出搭建菜单栏，如图4-1-5所示。左侧为设备库进入端口，"组装设备"库里面含各种工装夹具；"附件"库里面含各种辅助设备，如计算机、围栏、工作台、控制柜等设备；"检测设备"库里面含各种三坐标测量仪、视觉检测设备；"加工设备"库里面含各种生产设备，如机床、火花机、激光雕刻机；"传输设备"库里面含各种机器人、传输带、AGV设备；"存储设备"库里面含自动立体、线边库、暂存设备。

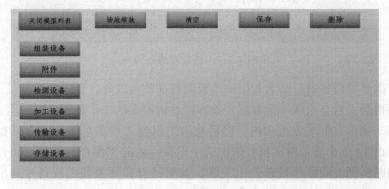

图4-1-5　搭建菜单栏

4. 产线搭建

单击"加工设备"按钮，在下拉菜单中选择"VMC600 加工中心"，然后单击场地中要放置的位置，设备就被放置到指定地点。设备放置到场地后可以选中设备按住鼠标左键来移动设备，在场地空白处按住鼠标左键可以拉近和移动整个场地，按住右键可以旋转场地的视角，滚动中键可以缩放场地。单击设备，在弹出的对话框中对设备进行编码和角度的调整，如图 4-1-6 所示，在设备编码里输入"M002"，在设置角度里输入"270"，然后单击"保存"按钮。

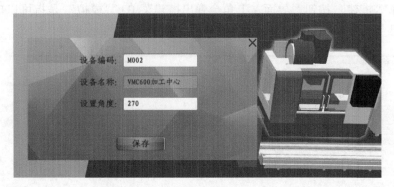

图 4-1-6 搭建 VMC600 加工中心

依次从"加工设备"库里面选择"T420 数控车床"，设备编码修改为"M003"，设置角度为"270"；从检测设备里选择"龙门三坐标"，设备编码修改为"C002"，设置角度为"270"；从"传输设备"库里面选择"七轴20 公斤机器人"，设备编码修改为"T013"；从存储设备里面选择"线边库"，设备编码修改为"S002"，设置角度为"90"；搭建好的布局样式如图 4-1-7 所示。

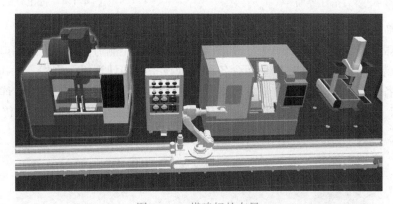

图 4-1-7 搭建好的布局

机器人除了需要对设备进行命名和根据需要调整摆放角度外，还需要设置机器人同各设备的工作关系。选中机器人后会出现一个方框，该方框是机器人的工作范围，同机器人工作有关联属性的设备需要移动到该方框覆盖范围内，然后在右击机器人设备后弹出的对话框中，单击"设备关系"，弹出如图 4-1-8 所示对话框，依次选中设备后单击"保存"按钮。可以通过该对话框里出现的设备判断机器人同哪些设备产生关联，如果还有需要关联的设备没有出现在该对话框内，需要把该设备移入机器人工作区域的方框内。

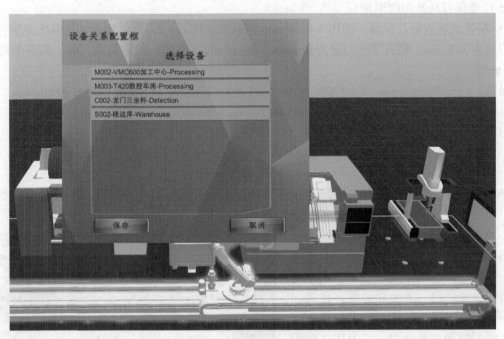

图 4-1-8　选择设备对话框

5. 辅助设备的搭建

从"附件"库里面依次选择计算机、机器人控制柜等，然后单击"保存"按钮保存项目，完成产线的搭建。如下图 4-1-9 所示。

六、任务实施

1. 底板零件工艺设计

（1）底板零件图样工艺分析　底板零件由平面、台阶面、型腔构成，外形尺寸为 80mm × 80mm × 15mm，属于外形规整的小零件，方形凹廓。对尺寸精度要求不高，轮廓及型腔表面粗糙度为 $Ra1.6\mu m$。加工内容为凹廓及中心型腔，所需刀具不多。

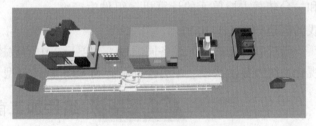

图 4-1-9　完成搭建的产线

（2）底板零件的工艺性分析　毛坯料尺寸为 80mm × 80mm × 15mm，上下表面平整、两侧面平行且与上下表面垂直，上下面、左右前后面都不需加工，这些面可作为定位基准。2A12 - T4 切削性能较好。

（3）选用设备　底板零件由平面、凹廓和中心型腔构成，所需刀具不多、对尺寸要求不高，选用三轴控制两轴联动立式数控铣床即可。可选用现有条件：立式加工中心 VMC600。

（4）确定装夹方案

1）定位基准的选择：底平面 + 一前侧面 + 一左侧面。

2）夹具的选择：底板零件小、外形规整，只需加工凹廓及中心型腔。为了便于机械手拿放，以及在加工中心线上较容易定位夹紧，选用零点夹具装夹零件，上面留出 3mm 左右，夹前、左两侧面，共限制 6 个自由度。

（5）选择刀具及切削用量

1）粗铣凹廓底面及侧面。选用 3 齿 $\phi8mm$ 高速钢立铣刀，深度为 4mm，分两次铣削，粗铣背吃刀量为 3.5 mm，精铣背吃刀量为 0.5mm。侧面分两次铣削，粗铣是满刀铣，精铣背吃刀量为 0.3mm。

粗铣：$v_c = 250mm/min$，$n = 1000v_c/(\pi D) = 1000 \times 250/(3.14 \times 8)r/min \approx 10000r/min$

$f_z = 0.03mm$，$v_f = f_z Zn = 0.03 \times 3 \times 10000mm/min = 900mm/min$

2）精铣凹廓底面及侧面：刀具同上。

$v_c = 250mm/min$，$n = 1000v_c/(\pi D) = 1000 \times 250/(3.14 \times 8)r/min \approx 10000r/min$

$f_z = 0.04mm$，$v_f = 0.04 \times 3 \times 10000mm/min = 1200mm/min$

（6）填写工艺卡片　根据上述分析完成机械加工工艺过程卡片、数控加工刀具卡片和机械加工工序卡片的填写。底板零件的工艺文件见附录 D。

2．智能制造生产线设备的选择

根据组件的加工要求，台阶轴是轴类零件，需在数控车床上完成加工，顶盖零件既要车也要铣削，上盖和底板零件需在加工中心上完成加工，上下料需机器人完成，零件需放置在料仓中，整个生产线采用主控单元和 MES 控制。根据加工数量为批量生产，结合生产工艺搭建组件智能制造生产线，需一台卧式数控车床、一台加工中心、一台七轴机器人、一个立体仓库和一台装载主控单元的计算机。组件生产线的搭建如图 4-1-10 所示。

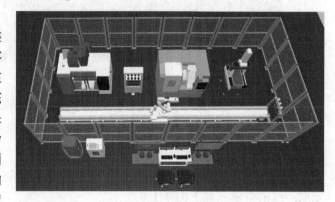

图 4-1-10　组件生产线搭建

组件智能制造单元设备同项目 1 和项目 2 中的数控车床、加工中心、机器人、立体仓库、可视化系统及显示终端、中央控制系统和 MES 软件等型号相同，此处不再赘述。

任务4.2　组件加工前的准备工作

一、任务描述

完成组件加工前的准备工作。

二、学习目标

1．掌握孔加工固定循环编程指令的指令格式及使用注意事项。

2．掌握机器人编程的相关指令和编程策略的使用方法。

3．掌握触摸屏的使用方法。

三、能力目标

1．会用触摸屏创建机器人的监控项目。

2．会用软硬件设备实现机器人与智能制造主要设备间的互联互通、编程与调试。

四、知识学习

组件加工前准备工作包括数控机床、工业机器人、触摸屏、料仓备料以及中央控制单元的准备工作。

1. 数控机床的准备工作

在智能制造系统智能加工组件前，数控机床须做好充分的准备工作，包括数控车床、加工中心的设备上电操作、手动对刀、自动开关门和自动夹具测试、摄像头的调整等。

组件由 4 个零件装配而成，既需要车削，也需要铣削，所以现场选用的是项目 1 中选用的 T420 卧式数控车床、项目 2 中选用的 VMC600 立式加工中心，它们都是 FANUC 0i 数控系统。因在前两个项目中，已做了详细介绍，所以此处不再赘述。

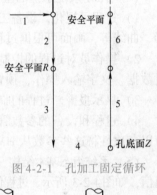

图 4-2-1 孔加工固定循环

（1）孔加工固定循环 孔加工固定循环（图 4-2-1）动作分析如下：

1 表示快速定位到孔中心 (X, Y)；刀具长度补偿：快进到初始平面 I（Z 坐标）；2 表示快进到参考/安全平面 R（Z 坐标）；3 表示步进到孔底面 Z（孔底为 Z 坐标）；4 表示孔底面动作；5 表示返回到参考/安全平面 R（Z 坐标）；6 表示退到安全平面 R（G99）/初始平面 I（G98）。

（2）高速钻削循环指令 G81（图 4-2-2）

1）指令格式：

```
O1;
G90G00G54 X_ Y_ F_ S_ M_ ;  (X, Y为孔心坐标)
G00 Z_ ;（初始平面 I）
G90/G91/G98/G99/G81 R_ Z_ ;  (R, Z为循环参数)
......
G80;（取消固定循环）
......
```

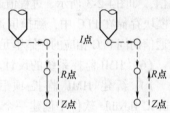

图 4-2-2 G81 动作分解

2）注意事项：先初始化，后固定循环。固定循环有效期间内，X、Y 改变一次，就执行一次孔加工。一个动作循环结束后，G00 仍旧有效。使用 G00～G03 也可以取消固定循环。

2. 工业机器人的准备工作

工业机器人的准备工作同任务 2.2 和任务 3.2，此处不再赘述。

3. 触摸屏的准备工作

（1）触摸屏介绍 触摸屏作为一种计算机输入设备，是目前最简单、方便的一种人机交互方式。触摸屏的应用范围非常广。

（2）触摸屏的工作原理 典型触摸屏的工作部分一般由三部分组成：两层透明的阻性导体层、两导体层之间的隔离层、电极。阻性导体层选用阻性材料，如用铟锡氧化物（ITO）涂在衬底上，上层衬底用塑料，下层衬底用玻璃。隔离层为黏性绝缘液体材料，如聚酯薄膜。电极选用导电性能极好的材料，如银粉墨，其导电性能大约为 ITO 的 1000 倍。触摸屏工作时，上下导体层相当于电阻网络。

当某一层电极加上电压时，会在该网络上形成电压梯度。如果有外力使得上下两层在某一点接触，则在电极未加电压的另一层可以测得接触点处的电压，从而得到接触点处的坐标。例如，在顶层的电极（$X+$，$X-$）上加上电压，则在顶层导体层上形成电压梯度，当有外力使得上下两层在某一点接触时，在底层就可以测得接触点处的电压，再根据该电压与电极（$X+$）之间的距离关系，得到该处的 X 坐标。然后，将电压切换到底层电极（$Y+$，$Y-$）上，并在顶层测量接触点处的电压，从而得到 Y 坐标。

现在很多 PDA 产品中，将触摸屏作为一个输入设备，对触摸屏的控制也有专门的芯片。很显然，触摸屏的控制芯片要完成两件事情：一是完成电极电压的切换；二是采集接触点处的电压值（即 A/D）。

（3）触摸屏的分类　触摸屏可分为电阻式触摸屏、电容式触摸屏、红外线触摸屏和外表声波触摸屏。

（4）HMI 系统承担的主要任务

1）过程可视化。设备工作状态显示在 HMI 设备上，显示画面包括指示灯、按钮、文字、图形、曲线等，画面可根据过程变化动态更新。

2）操作员对过程的控制。操作员可以通过图形用户界面来控制过程。例如，操作员可以通过数据、文字输入操作，预置控件的参数或者起动电机。

3）显示报警。过程的临界状态会自动触发报警，例如，当超出设定值时显示报警信息。

4）过程和设备的参数管理。HMI 系统可以将过程和设备的参数存储在其他设备中。例如，可以一次性将这些参数从 HMI 设备下载到 PLC，以便改变生产的产品版本。

（5）系统组态基本结构　系统组态是通过 PLC 以变量的方式实现 HMI 与机械设备或过程之间的通信，如图 4-2-3 所示。过程值通过 I/O 模块存储在 PLC 中，触摸屏通过变量通信访问 PLC 相应的存储单元。

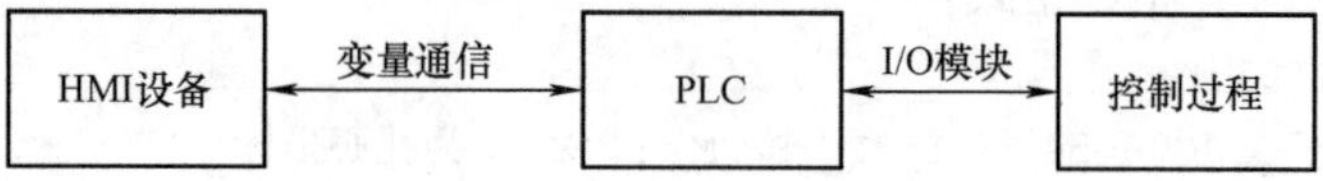

（6）HMI 监控系统的设计步骤

1）新建 HMI 监控项目。在 WinCC fiexible 软件中创建一个 HMI 监控项目。

2）建立通信连接。建立 HMI 设备与 PLC 之间的通信连接，建立 HMI 设备与组态计算机之间的通信连接。

3）定义变量。在 WinCC fiexible 软件中定义需要监控的过程变量。

4）创建监控画面。绘制监控画面，组态画面中的元素与变量建立连接，实现动态监控生产过程。

（7）建立机器人监控项目

1）启动 WinCC fiexible 软件，如图 4-2-4 所示。

图 4-2-3　系统组态

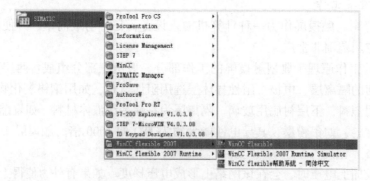

图 4-2-4　启动 WinCC fiexible 软件

2）新建项目，如图4-2-5所示。

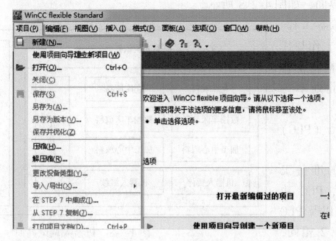

图4-2-5 新建项目

3）设备选择，如图4-2-6所示。

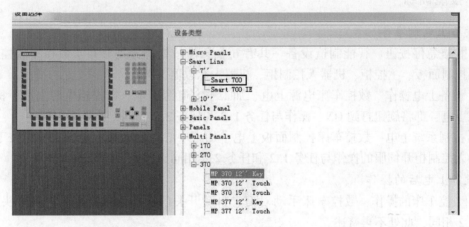

图4-2-6 选择设备

4）项目组态界面，如图4-2-7所示。

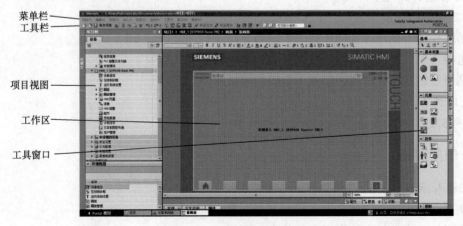

图4-2-7 项目组态界面

5）建立通信。

6）机器人调试界面，如图4-2-8所示。

4. 料仓备料的准备工作

料仓备料的准备工作与任务1.2中台阶轴的料仓备料的准备工作相同，此处不再赘述。

5. 中央控制单元（PLC）的准备工作

中央控制单元的准备工作，包括 PLC 配置、PLC 功能、PLC 子程序流程以及 PLC 组态，内容与任务1.2相同，此处不再赘述。

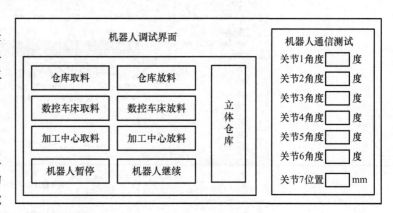

图4-2-8　机器人调试界面

五、技能训练

1. 设备上电前准备

（1）检查急停按钮　智能制造设备一共有6个急停按钮，分别分布于数控车床控制面板、加工中心控制面板、主控柜、机器人控制柜、机器人示教器、料仓。

（2）设备上电操作　数控车床电源上电、加工中心电源上电、主控柜电源上电、机器人控制柜电源上电，都将旋钮打到 ON。操作与任务1.2和任务2.2相同，此处不再赘述。

（3）控制系统上电　数控车床控制面板上电、加工中心控制面板上电、主控柜按下起动按钮、机器人控制柜开伺服的操作与任务1.2和任务2.2相同，此处不再赘述。

2. 设备上电后的操作

（1）数控车床的操作　数控车床手动对刀、自动开关门操作、数控车床内摄像头的调整，与任务1.2相同，此处不再赘述。

（2）加工中心的操作　数控机床手动对刀、自动开关门操作、加工中心内摄像头的调整，与任务2.2相同，此处不再赘述。

（3）工业机器人操作

1）新建程序　操作过程同任务1.2机器人新建程序。

2）机器人模式切换　操作过程同任务1.2机器人模式切换。

3）网络连接　操作过程同任务1.2中的网络连接。

3. 关闭设备

与任务3.2中关闭设备相同，此处不再赘述。

六、任务实施

1. 机器人示教编程与调试要求

1）实现数控车床与立体仓库之间的上、下料。

2）实现加工中心与立体仓库之间的上、下料。

3）实现立体仓库到数控车床、数控车床到加工中心、加工中心到料仓的取放程序。

机器人硬件地址配置见表4-2-1。

表4-2-1　机器人硬件地址配置表

地　　址		说　　明
输入	IoDIn（16）	检测手爪3是否在指定位置，是为1，否为0
	IoDIn（17）	检测手爪1是否在指定位置，是为1，否为0
	IoDIn（18）	检测手爪2是否在指定位置，是为1，否为0
	IoDIn（24）	检测手爪是否张开，张开为1，夹紧为0
	IoDIn（25）	检测手爪是否夹有工件，有为1，无为0
	IoDIn（26）	检测快换工具是否分离，分离为1
	IoDIn（27）	检测快换工具是否吸合，吸合为1
输出	IoDout（24）	检测弹珠是否收回
	IoDout（25）	检测弹珠是否弹出
	IoDout（30）	夹爪松开
	IoDout（31）	夹爪夹紧

2. 机器人示教流程

1）首先示教3个手爪。

2）带着手爪示教料仓的平行和水平。

3）示教工件坐标系。

4）示教第一行基准点，夹持1号工件去车床示教点，完成放和取动作。

5）示教第三行基准点，夹持3号工件去车床示教点，完成放和取动作，之后去铣床（夹持已加工表面）。

6）夹持2号工件送去铣床示教点（夹持未加工表面）。

7）示教第五行基准点。

8）示教3号工件铣床基准点。

3. 机器人示教技巧

1）示教料仓1行和2行工件，在确认第一行最右边的基准点之后，触发手爪得电，夹持工件按照合适的姿态直接进车床示教小圆点，顺带也可以示教大圆点，在示教大圆点时不要反复移动，只需要修正。

2）示教料仓3行和4行工件，在确认第三行最右边的基准点之后，示教操作同1）。

3）示教料仓5行工件，在确认第五行最右边的基准点之后，触发手爪得电，之后夹持工件送去铣床。

4）在到达示教铣床卡盘夹具的基准点时，需调整好姿态（可以先夹持，再取下来），调整好虎口钳的大小，使工件放下后，留有合适余量。

5）在到达示教铣床零点夹具的基准点时，需调整好姿态（可以先夹持，再取下来），待零点夹具稳定之后进行示教。在编程时，可以先把手爪松开，再下降，然后触发铣床的弹珠弹出，接着把手爪抽出来，一定要保证坐实和弹珠弹出，这个非常考验示教方法，这一环节一定不能有任何问题，会牵扯到后面整个联动，不坐实，不坐牢固，刀一定断。

4. 机器人调试流程

机器人示教程序

首先保证程序正确，在示教的过程中可以先运行单个子程序检验，以检证程序的正确性，然后联合主控运行一遍手动排程，检测整个的程序是否存在问题。这样操作可省略屏幕下单的调试。

手动排程，根据四种在料仓的不同位置，每一个类型试切一个工件，即为一套工件。

任务 4.3 组件的首件试切削

一、任务描述

运用搭建好的智能制造生产线，完成如图 4-0-1 所示组件的首件试切。

二、学习目标

1. 掌握 CAM 软件的基本功能。
2. 掌握 UG 软件车削编程工序子类型中常用的加工工序、创建车削刀具及设置刀具参数的方法。
3. 掌握 UG 软件刀轨、切削参数、非切削移动的设置及车削编程的后处理。
4. 掌握 CAM 软件的后处理技巧。

三、能力目标

1. 会用 CAM 软件三维造型及铣削加工。
2. 会用 CAM 软件后处理生成与数控机床系统相匹配的加工程序。

四、知识学习

（1）固定轴曲面轮廓铣特点　固定轴曲面轮廓铣（Fixed Contour）是用于半精加工和精加工复杂曲面的方法。创建固定轴铣分为以下两个步骤：

第一步，在指定的驱动几何体上（由曲面、曲线和点定义）形成驱动点。

第二步，按指定投射矢量投射驱动点到部件几何体上形成投射点。

刀位点沿投射在曲面上的点运行，完成曲面的加工。

固定轴曲面轮廓铣加工操作应注意以下两点：

1）驱动方式控制切削过程中刀具的运动范围　固定轴曲面上的余量在粗加工中已经基本去除，余量是否均匀，在于粗加工操作中切削层的控制。要在固定轴曲面轮廓铣中完成半精加工与精加工，则必须针对不同类型的曲面采用不同形式的驱动方式。

2）部件几何体控制刀具的切削深度　加工中的切削深度由所选择的部件几何体配合部件余量来控制。

（2）区域铣削驱动　区域铣削驱动是通过指定切削区域来定义一个固定轴铣的操作。它可以指定陡峭约束和修剪边界约束。区域铣削驱动方式通常作为优先使用的驱动方式来创建刀具轨迹。可以用区域铣削驱动方式代替边界驱动方式。区域铣削驱动可以通过定义"陡角"及"切削角"来定向约束切削区域。

1）"无"陡峭：在刀具路径上不使用陡峭约束，允许加工整个工件表面，如图 4-3-1 所示，

"无"陡峭走刀方式为往复式（Zig – Zag），切削角为 0°（沿 XC 轴）。

2）"非陡峭的"：用于切削平缓的区域，而不切削陡峭区域。通常可作为等高轮廓铣的补充。选择该项，需要输入陡角的值，如图 4-3-2 所示。

3）定向陡峭：定向切削陡峭区域，切削方向由切削角度定义，以所有满足该陡角的陡峭壁作为切削区域。

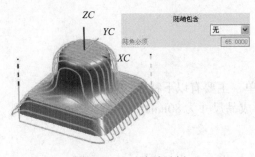

图 4-3-1　无陡峭示例

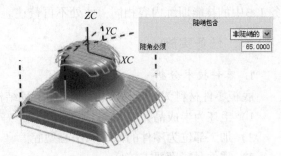

图 4-3-2　非陡峭示例

（3）清根切削驱动　清根切削驱动方式可以沿着所选工件面的凹角生成驱动点。在切削过程中，刀具与部件几何体保持两个切点，当曲面的曲率半径大于刀具的底角半径时，则不会产生清根切削的刀具轨迹。

通常采用球刀以"单路""多个偏置""参考刀具偏置"的清根切削方式完成凹陷区域的半精加工与精加工。

1）单路清根切削是指沿着凹角或沟槽产生一条单一刀具轨迹，如图 4-3-3 所示。

注意：在加工过程中，难以加工到的材料往往集中在凹角或沟槽部位。采用单路清根切削可以有效去除这些根部余量。建议在单路清根切削时采用大尺寸刀具去除不均匀材料，既可以提高切削效率，又可以保护刀具及加工表面质量，后续可采用参考刀具偏置清根切削完成半精加工与精加工。

2）多个偏置清根切削是指通过指定偏置数目以及相邻偏置间的步进距离，在清根中心的两侧产生多道切削刀具轨迹。根部余量较多且不均匀时，可采用"由外向内"的切削顺序，步进距离小于刀具半径。

3）参考刀具偏置清根切削。当采用半径较小的刀具加工由大尺寸刀具粗加工后的根部材料时，参考刀具偏置是非常实用的选项。可以指定一个参考刀具直径（大直径）来定义加工区域的范围，通过设置切削步距，在以凹角为中心的两边产生多条切削轨迹。为消除两把刀具的切削接刀痕迹，可以设置重叠距离，沿着相切曲面扩展切削区域，如图 4-3-4 所示。

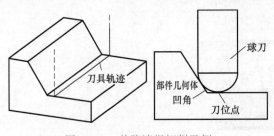

图 4-3-3　单路清根切削示例

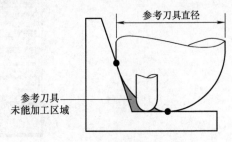

图 4-3-4　参考刀具偏置清根切削示意

五、技能训练

根据组件装配图和零件图编制各零件的数控加工程序，完成确定刀具、手动对刀等准备工作，然后进行组件（4个零件）的首件试切削。

数控机床回零、手动进给、手轮进给、DNC 模式、MDI 模式、运行模式的操作步骤与任务 1.3 中的技能训练内容相同，此处不再赘述。

六、任务实施

1. 零件技术分析

底板零件材料为 2A12 - T4，容易加工且结构简单，主要有以下特点：

1）毛坯为半成品，12 条棱边倒角已加工好，半成品尺寸为 80mm × 80mm × 15mm 型材。

2）加工部位为零件的凹廓和中心型腔。

3）零件对精度要求较低。

2. 零件加工工序

1）准备工作，在 UG10.0 中打开要加工的零件，如图 4-3-5 所示。

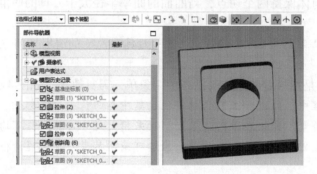

图 4-3-5 底板零件

2）进入"应用模块"，单击"加工"。在"CAM 会话设置"中，选择"cam_general"，在"要创建的 CAM 设置"中，选择"mill_contour"，然后单击"确定"按钮，如图 4-3-6 所示。

图 4-3-6 加工环境设置

3）单击"创建程序"图标，首先创建一个"凹廓粗加工"，然后单击"应用"或"确定"按钮，如图4-3-7所示。

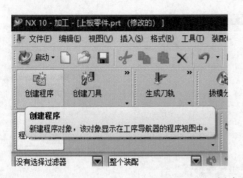

图4-3-7　创建程序

4）用同样的方法创建"凹廓座面精加工""凹廓立面精加工""中心孔粗加工""中心孔精加工"程序，如图4-3-8所示。

5）单击"机床视图"图标来创建刀具，或单击"创建刀具"图标，如图4-3-9所示。

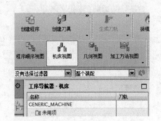

图4-3-8　创建程序　　　　　　　　　　　　图4-3-9　创建刀具

6）首先创建一把D8的圆柱立铣刀，直径设为"8"，然后单击"确定"按钮，如图4-3-10所示。

图4-3-10　创建D8刀具

7）用同样的方法，创建一把D16的立铣刀，加工中心大孔。

8）单击"几何视图"图标，选择"坐标"→"绝对坐标"，然后将安全距离设为"20"，然后单击"确定"按钮，如图4-3-11所示。

图4-3-11　坐标系设置

9）双击"WORKPIECE"，单击"指定部件"图标，选择工件模型，然后单击"确定"按钮，如图4-3-12所示。

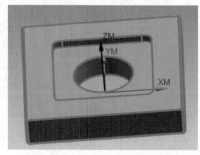

图4-3-12　指定部件

10）单击"指定毛坯"图标，选择"包容块"，然后单击"确定"按钮，如图4-3-13所示。

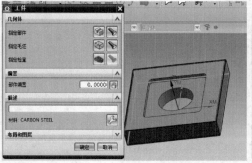

图4-3-13　毛坯设置

11）单击"加工方法视图"图标，修改粗加工、精加工的参数。双击"MILL_ROUGH"（粗加工），部件余量设为"0.5"，内公差设为"0.03"，外公差设为"0.03"，然后单击"确定"按钮，如图4-3-14所示。

图 4-3-14　粗加工参数设置

12）双击"MILL_FINISHI"（精加工），部件余量设为"0"，内公差设为"0.003"，外公差设为"0.003"，然后单击"确定"按钮。至此准备工作完成。

13）凹廓粗加工。

① 对零件进行粗加工。首先单击"创建工序"图标，类型选择"mill_contour"，工序子类型选择"型腔铣"图标，程序选择"凹廓粗加工"，刀具选择"D8（铣刀-5参数)"，几何体选择"WORKPIECE"，方法选择"MILL_ROUGH"（粗铣），名称改为"rough_mill"，然后单击"确定"按钮，如图 4-3-15 所示。

② 指定"切削区域"，选择如图 4-3-16a所示切削部分，然后单击"确定"按钮。

③ 切削模式选择"跟随周边"，平面

图 4-3-15　创建工序

直径百分比改为"60"，公共每刀切削深度选择"恒定"，最大距离设为"1.5"。

④ 单击"切削参数"，刀路方向设为"向内"，如图 4-3-16b 所示，然后单击"确定"按钮。

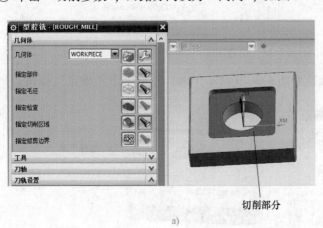

切削部分

a)　　　　　　　　　　　　　　　b)

图 4-3-16　指定切削区域

⑤ 单击"进给率和速度"图标，设置主轴速度为"1800"，切削为"1200"，然后单击"确定"按钮。单击"生成"图标，查看刀轨，最后单击"确定"按钮，如图4-3-17所示。

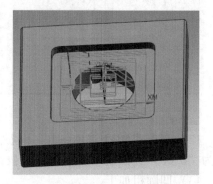

图 4-3-17 设置进给率和速度及生成刀轨

14）凹廓座面精铣。

① 单击"创建工序"图标，类型选择"mill_planar"，工序子类型选择"使用边界面铣削"图标，程序选择"NC_PROGRAM"（凹廓座面精铣），刀具选择"D8（铣刀-5 参数）"，几何体选择"WORKPIECE"，方法选择"MILL_FINISH"（精铣），名称改为"FACE_MILLING"，然后单击"确定"按钮，如图4-3-18所示。

图 4-3-18 创建工序

② 单击"指定面边界"图标，选择如图4-3-19所示平面，然后单击"确定"按钮。

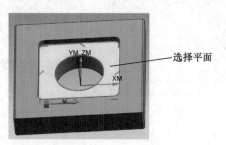

图 4-3-19 指定面边界

③ 在刀轨设置中切削模式选择"跟随周边",平面直径百分比设为"60",毛坯距离设为"0.5",每刀切削深度设为"0.5",最终底面余量设为"0"。

④ 单击"切削参数"图标,在"策略"选项卡中,刀路方向选择"向内",并勾选"岛清根",在"余量"选项卡中,壁余量为"0.3",然后单击"确定"按钮,如图4-3-20所示。

图4-3-20 切削参数设置

⑤ 单击"进给率和速度"图标,设置主轴速度为"2600",切削为"1400",然后单击"确定"按钮。单击"生成",查看刀轨,最后单击"确定"按钮,如图4-3-21所示。

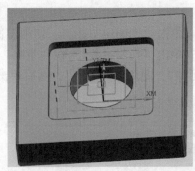

图4-3-21 进给率和速度设置及生成刀轨设置

15)凹廓立面精铣。

① 单击"创建工序"图标,类型选择"mill_contour",工序子类型选择"深度轮廓加工"图标,程序选择"凹廓立面精铣",刀具选择"D8(铣刀-5参数)",几何体选择"WORK-PIECE",方法选择"MILL_FINISH"(精铣),名称改为"ZLEVEL_PROFILE",然后单击"确定"按钮,如图4-3-22所示。

② 单击"指定切削区域",选择如图4-3-23所示平面,然后单击"确定"按钮。

③ 在刀轨设置中,陡峭空间范围选择"仅陡峭的",角度设为"90",公共每刀切削深度设为"恒定",最大距离设为"3"。

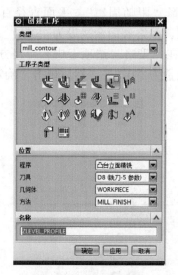

图 4-3-22　创建工序

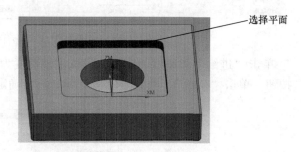

图 4-3-23　指定切削区域

④ 单击 "切削层" 图标，切削层选择 "最优化"，然后单击 "确定" 按钮。

⑤ 单击 "切削参数"，在 "策略" 选项卡中，切削顺序选择 "层优先"，延伸路径勾选 "在边上延伸"，距离设为 "55"，然后单击 "确定" 按钮，如图 4-3-24 所示。

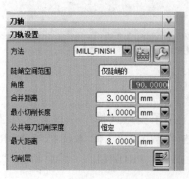

图 4-3-24　参数设置

⑥ 单击 "进给率和速度"，设置主轴速度为 "2600"，切削为 "1400"，然后单击 "确定" 按钮，单击 "生成" 图标，查看刀轨，最后单击 "确定" 按钮，如图 4-3-25 所示。

图 4-3-25　生成刀轨

16）中心孔粗加工。

① 单击"创建工序"图标，类型选择"mill_contour"，工序子类型选择"型腔铣"，程序选择"中心孔粗加工"，刀具选择"D16（铣刀-5 参数）"，几何体选择"WORKPIECE"，方法选择"MILL_ROUGH"（粗铣），名称为"CAVITY_MILL"，然后单击"确定"按钮，如图 4-3-26所示。

图 4-3-26　创建工序及定义切削区域

② 单击"指定切削区域"图标，选择如图 4-3-27 所示切削部分，然后单击"确定"按钮。

③ 在"刀轨设置"中，切削模式选择"跟随周边"，平面直径百分比改为"60"，公共每刀切削深度设为"恒定"，最大距离设为"3"，单击"切削层"图标，查看切削层分布，然后单击"确定"按钮，如图 4-3-27 所示。

④ 单击"切削参数"图标，在"策略"选项卡中，刀路方向选择"向外"，然后单击"确定"按钮。单击"非切削移动"图标，在"进刀"选项卡中，进刀类型选择"螺旋"，然后单击"确定"按钮。单击"进给率和速度"图标，主轴转速设置为"2600"，切削设置为"1800"然后单击"确定"按钮。单击"生成"图标，查看刀轨，最后单击"确定"按钮，如图 4-3-28 所示。

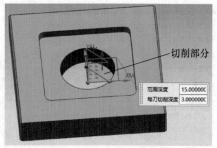

图 4-3-27　定义切削层

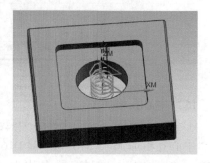

图 4-3-28　定义非切削移动参数

17）中心孔精加工。

① 单击"创建工序"，类型选择"mill_contour"，工序子类型选择"深度轮廓加工"图标，程序选择"中心孔精加工"，刀具选择"D16（铣刀-5 参数）"，几何体选择"WORKPIECE"，方法选择"MILL_FINISH"（精铣），名称改为"ZLEVEL_PROFILE_1"，然后单击"确定"按钮，如图 4-3-29 所示。

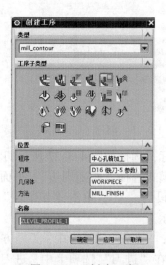

图 4-3-29　创建工序

② 单击"指定切削区域"图标，选择如图 4-3-30 所示平面，然后单击"确定"按钮。

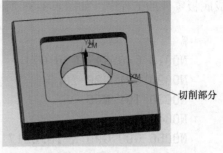

图 4-3-30　指定切削区域

③ 在"刀轨设置"中，陡峭空间范围选择"仅陡峭的"，角度设为"90"，公共每刀切削深度选择"恒定"，最大距离设为"4"。

④ 单击"切削层"图标，在"切削层"对话框中，切削层选择"最优化"，然后单击"确定"按钮。

⑤ 单击"切削参数"图标，在"策略"选项卡中，切削顺序选择"层优先"，然后单击"确定"按钮，如图 4-3-31 所示。

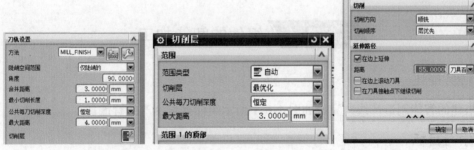

图 4-3-31　参数设置

⑥ 单击"进给率和速度"图标，设置主轴速度为"2600"，切削为"1400"，然后单击"确定"按钮。单击"生成"图标，查看刀轨，最后单击"确定"按钮，如图 4-3-32 所示。

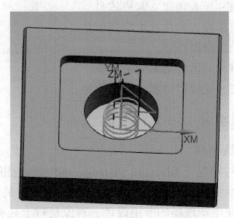

图 4-3-32　生成刀轨

18）生成底板零件加工程序，如图4-3-33所示。

```
%
N0010 G40 G17 G90 G71
N0020 G91 G28 Z0.0
N0030 T01 M06
N0040 T02
N0050 G00 G90 X-15.5217 Y3.3257 S1800 M03
N0060 G43 Z35. H00
N0070 Z18.
N0080 G01 X-14.4924 Y2.7167 Z17.6795 F800. M08
N0090 X-13.7379 Y1.7828 Z17.359
N0100 X-13.3294 Y.6538 Z17.0385
N0110 X-13.3114 Y-.5467 Z16.7179
N0120 X-13.686 Y-1.6873 Z16.3974
N0130 X-14.4122 Y-2.6434 Z16.0769
N0140 X-15.4105 Y-3.3103 Z15.7564
```

图4-3-33　底板的加工程序

任务4.4　组件的智能加工

一、任务描述

运用搭建的智能制造产线，完成如图4-0-1所示组件批量生产的智能加工。

二、学习目标

1. 了解 MES 软件生产优化分析方法。
2. 掌握通过 MES 软件智能加工组件的整个流程的操作。

三、能力目标

1. 会用 MES 导入和建立客户信息。
2. 会用 MES 导入和建立供应商信息。
3. 会用 MES 排程功能。
4. 会用 MES 的运行结果分析功能。
5. 会用 MES 完成组件加工排程管理。

四、知识学习

1. APS 高级排程

高级计划与排程（Advanced Planning and Scheduling，APS）是一款企业管理软件。APS-MES 精益制造管理系统是集合系统管理软件和多类硬件的综合智能化系统，它由一组共享数据的程序，通过布置在生产现场的专用设备，对原材料上线到成品入库的整个生产过程实时采集数据、

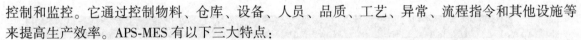

控制和监控。它通过控制物料、仓库、设备、人员、品质、工艺、异常、流程指令和其他设施等来提高生产效率。APS-MES 有以下三大特点：

（1）同步规划　同步规划是指根据企业所设定的目标（例如：最佳的顾客服务），同时考虑企业的整体供给与需求状况，以进行企业的供给规划与需求规划，即进行需求规划时，须考虑整体的供给情况，而进行供给规划时，也应同时考虑全部需求的状况。APS-MES 系统的同步规划能力，不但使规划结果更具合理性与可执行性，还使企业能够真正达到供需平衡的目的。

（2）考虑企业资源限制下的最佳化规划　传统上，以物资需求计划（Material Requirement Planning，MRP）排程逻辑为主的生产规划与排程系统进行规划时，并未将企业的资源限制（例如物料、产能、工具、设备与加工作业）与企业目标（例如最低生产成本与最短前置时间）纳入考虑，使其规划结果非但无法达到最佳化，甚至可能是不可行的。而 APS-MES 系统则应用了数学模式（例如线性规划）、网络模式或仿真技术等先进的规划技术与方法，在进行生产规划时能够同时考虑到企业限制与目标，拟定出一套可行且具有最佳效能的生产规划。

（3）实时性规划　信息科技的发展使得生产相关数据能实时获取，而 APS-MES 系统能够利用这些实时性数据进行实时的规划。另外，信息的快速处理能力使规划人员能够实时且快速地处理类似物料供给延误、生产设备故障、紧急插单等例外事件。

2. 甘特图

甘特图在管理里被广泛地应用。例如用于负荷时，甘特图可以显示几个部门、机器或设备的运行和闲置情况，表示该系统的有关工作负荷状况，可便于管理人员做出恰当的调整。例如当某一工作中心处于超负荷状态时，则低负荷工作中心的员工可临时转移到该工作中心以增加其劳动力，或者在制品存货可在不同工作中心进行加工，则高负荷工作中心的部分工作可移到低负荷工作中心完成，多功能的设备也可在各中心之间转移。但甘特负荷图有一些重要的局限性，它不能解释生产变动，如意料不到的机器故障及人工错误所形成的返工等。甘特排程图也可用于检查工作完成进度。

甘特图应用范围如下：

（1）项目管理　甘特图可以直观地了解任务的进展情况，资源的利用率等。

（2）其他领域　随着生产管理的发展、项目管理的扩展，甘特图不仅仅被应用到生产管理领域，还被应用到了其他领域，如建筑、汽车等。

五、技能训练

熟练掌握 MES 里面供应商信息管理、客户信息基础管理、订单管理，熟练应用 MES 排程功能和运行结果分析功能。

1. 供应商信息管理

在软件左边状态栏中，单击"基础信息管理"，下拉菜单出现"供应商基础信息管理"页面，在该页面输入供应商信息，如图 4-4-1 所示。

单击右上角"新增"按钮，弹出"新增供应商"对话框，如图 4-4-2 所示，供应商编号为 6 位，以"SUP"开头固定不变，后三位为流水号以录入的先后顺序进行编号。

依照图 4-4-3 分别录入 4 个供应商信息。

2. 客户基础信息管理

在软件左边状态栏中，单击"基础信息管理"，下拉菜单出现"客户基础信息管理"页面，在该页面输入客户信息，如图 4-4-4 所示。

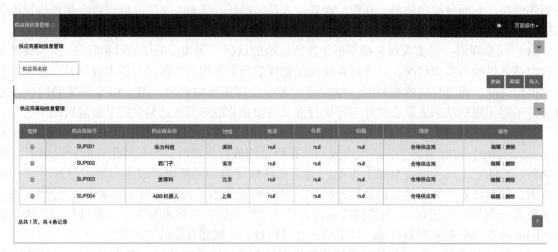

图 4-4-1　供应商基础信息管理

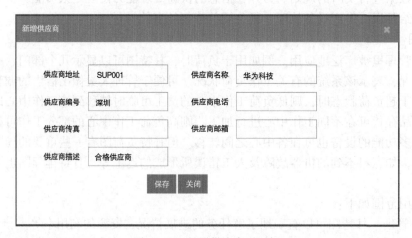

图 4-4-2　新增供应商对话框

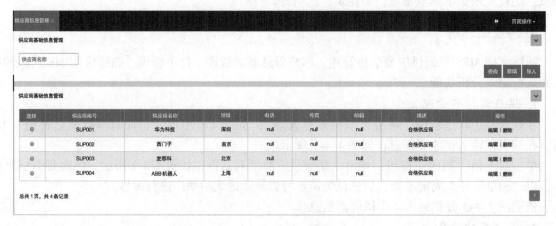

图 4-4-3　供应商信息

客户基础信息管理

客户名称

客户基础信息管理

选择	客户编号	客户名称	地址	电话	传真	邮箱

图 4-4-4　客户基础信息管理

单击右上角"新增"按钮，弹出"新增客户"对话框，客户编号为 6 位，以"CUS"开头固定不变，后三位为流水号，以录入的先后顺序进行编号，如图 4-4-5 所示。

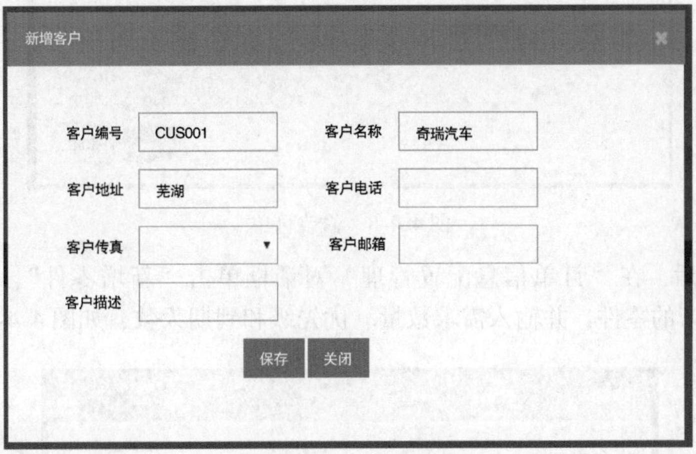

新增客户　　　　　　　　　　　　　　　　✕

客户编号　CUS001　　　　客户名称　奇瑞汽车

客户地址　芜湖　　　　　客户电话

客户传真　▼　　　　　　客户邮箱

客户描述

保存　关闭

图 4-4-5　新增客户对话框

依照图 4-4-6 分别录入 4 个客户信息。

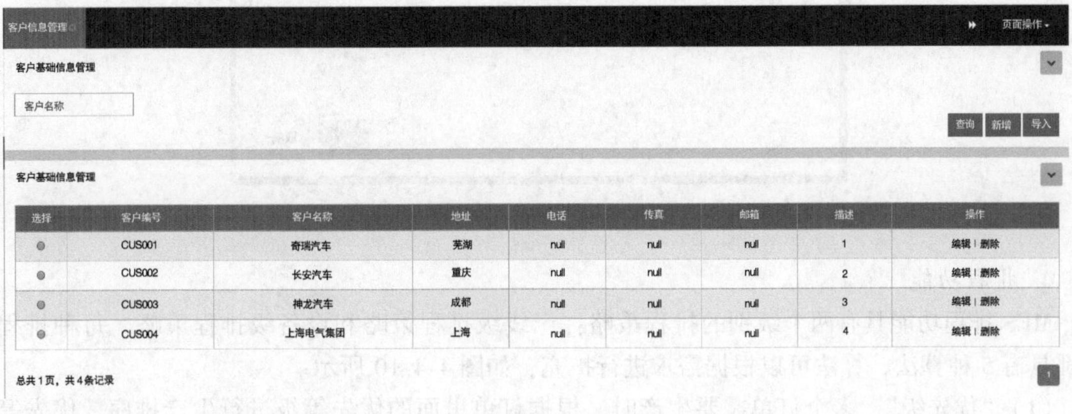

图 4-4-6　客户信息

3. 订单管理

MES 可以导入或创建客户订单，单击"订单基础信息"栏中的"新增"按钮，如图 4-4-7 所示。

图 4-4-7　订单管理

出现"修改订单"对话框，输入订单编号和选择客户名称，如图 4-4-8 所示。

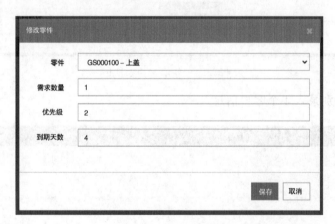

图 4-4-8　修改订单

订单编号创建后，在"订单信息配置管理"对话框单击"新增零件"，出现"修改零件"对话框，选择要生产的零件，并输入需求数量、优先级和到期天数，如图 4-4-9 所示。

图 4-4-9　修改零件

4. 排程功能

MES 排程功能具有两个级别的排程策略：产线级排程策略和设备级排程策略。每种排程策略都具有 5 种算法，算法可以根据需求进行扩充，如图 4-4-10 所示。

（1）"优先级"　多个订单需要生产时，根据订单里面的优先等级进行生产排序。优先等级为 1～10 级，1 级为最高优先级。

（2）"先进先出"　多个订单需要生产时，根据接收订单的先后顺序进行生产排序，先接收到的先生产。

（3）"最短作业"　多个订单需要生产时，根据单个订单生产时间的长短进行生产排序，耗时最短的零件先生产。

（4）"批量优先"　多个订单需要生产时，根据订单批量大小进行生产排序，订单中零件数量最大的优先生产。

（5）"交期优先"　多个订单需要生产时，根据单个订单的交期先后顺序进行生产排序，交期最近的优先生产。

图 4-4-10　排程功能

5. 运行结果分析

在 MES 仿真运行过程中或实际生产中，MES 能输出实时的甘特图，如图 4-4-11 所示。

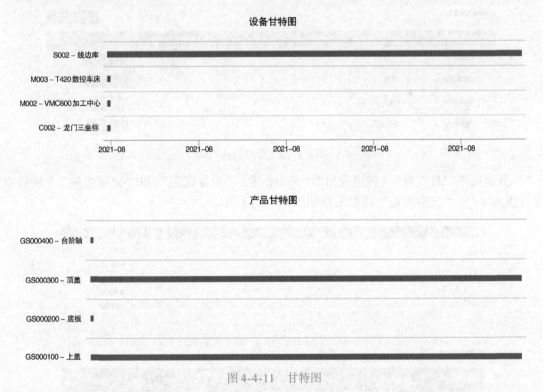

图 4-4-11　甘特图

在 MES 运行结束后，MES 采集和统计出设备运行数据，输出运行结果数据，如图 4-4-12 所示。

在 MES 实际下发生产订单之前，可以通过选择不同的排程方式进行仿真生产，对比甘特图和运行结果数据，选择出最优的一种排程方法进行实际生产，从而节约生产现场的测试时间，提高了生产效率。

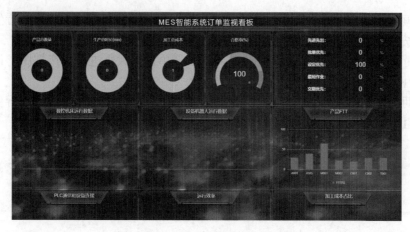

图 4-4-12　MES 智能系统监视看板

组件的
智能制造

六、任务实施

1) 在 MES 上导入如图 4-4-13 所示订单信息。

图 4-4-13　订单信息

2) 分别选择"优先级""先进先出""最短作业""批量优先"和"交期优先"5 种排程策略进行仿真生产。"交期优先"排程策略如图 4-4-14 所示。

图 4-4-14　"交期优先"排程策略

3）通过5种排程策略的仿真生产，选出"交期优先"的排程策略进行组件的实际生产加工，"交期优先"排程甘特图如图4-4-15所示。

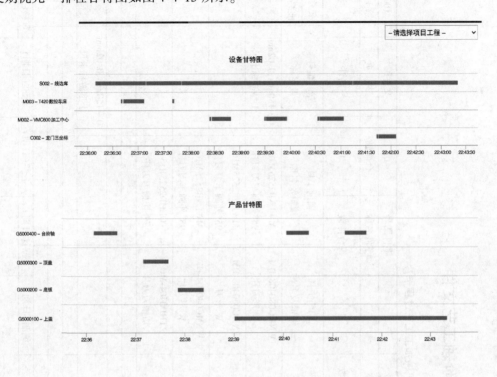

图4-4-15　"交期优先"排程甘特图

拓展活动

大国工匠：邹峰

邹峰作为我国航天三江集团红林公司机加车间数控车工特级技师，获得过的荣誉、奖章、专利数不胜数。

请大家查阅相关资料，简述邹峰的工匠精神。

附　录

附录 A　台阶轴工艺文件

表 A-1　台阶轴的机械加工工艺过程卡片

常州机电职业技术学院		机械加工工艺过程卡片		产品型号		零件图号		05	文件编号		1001
材料牌号	2A12-T4	毛坯种类	铝棒	毛坯外形尺寸	φ35mm×37mm	每毛坯件数	1	零件名称　台阶轴	每台件数　1	共 1 页	第 1 页
部门	工序号	工序名称	工序内容	设备型号及名称	夹具编号及名称	切削工具编辑及名称	辅助工具编辑及名称	量具编号及名称		工序工时	
										准终	单件
机加工	10	车右端	车端面	T420 数控车床		WNMG080408-DM W形刀片	MWLNR2525M16 95°外圆车刀刀杆	0~150mm，0.02mm I型游标卡尺			
			粗车右外轮廓			WNMG080408-DM W形刀片	MWLNR2525M16 95°外圆车刀刀杆				
			精车右外轮廓			WNMG080404-DF W形刀片	MWLNR2525M16 95°外圆车刀刀杆				
			车退刀槽			ZTHD0404-MG 切槽刀刀片	QEHD2525R13 外切槽刀刀杆				
	20	清理	去毛刺								
			清理								
	30	检验	按图样要求检测					0~150mm，0.02mm I型游标卡尺			
	40	防锈	上油								
	50	防锈	涂油								
						编制（日期）	校对（日期）	会签（日期）	标准（日期）	审核（日期）	
标记	处数	更改文件号	签字	日期	标记	处数	更改文件号	签字	日期		

表 A-2 台阶轴的数控加工刀具卡片

常州机电职业技术学院	数控加工刀具卡片	产品型号		零件图号	1002
		产品名称		零件名称 台阶轴	文件编号 共1页 第1页
材料牌号 2A12-T4	毛坯种类 铝棒	毛坯外形尺寸 φ35mm×37mm	设备型号 T420	每毛坯件数 1	每台件数 1
	设备名称 数控车床	程序编号 0001	夹具代号	夹具名称	冷却液 乳化液

车间 机加工	工序号 10	工序名称 车右端								
工步号	刀具号	刀具名称	刀具型号	刀片型号	牌号	刀尖圆弧半径/mm	刀柄型号	直径/mm	刀长/mm	补偿量/mm	备注
1、2、3	01	95°外圆车刀	MWLNR2525M16	WNMG080408-DM	YBC252	0.8					
4	02	外切槽刀	QEHD2525R13	ZTHD0404-MG	YCB302	0.4					

编制（日期）	校对（日期）	审核（日期）	会签（日期）	标准（日期）
标记 处数 更改文件号 签字 日期	标记 处数 更改文件号 签字 日期			

表 A-3　台阶轴的机械加工工序卡片

常州机电职业技术学院	机械加工工序卡片	产品型号		零件图号	05	文件编号	1003
		产品名称		零件名称	台阶轴	共1页	第1页

车间	机加工	工序号	10	工序名称	车右端	材料牌号	2A12-T4
毛坯种类	铝棒			毛坯外形尺寸	φ35mm×37mm	每毛坯件数	每台件数 1
设备名称	数控车床			设备型号	T420	设备编号	同时加工件数 1
夹具编号				夹具名称		冷却液	乳化液

技术说明
1. 未注倒角C1。
2. 不允许手工倒角。

$\sqrt{Ra\,1.6}\ (\sqrt{\ })$

工步号	工步内容	切削工具编号及名称	辅助工具编号及名称	量检具编号及名称	主轴转速/(r/min)	切削速度/(m/min)	进给量/(mm/r)	背吃刀量/mm	走刀次数
1	车端面，车削至图样尺寸	WNMG080408-DM W形刀片	MWLNR2525M16 95°外圆车刀刀杆		1300	250	0.4	2	1
2	粗车右外轮廓，留样圆余量1mm	WNMG080408-DM W形刀片	MWLNR2525M16 95°外圆车刀刀杆	0～150mm,0.02mm I型游标卡尺	1300	250	0.4	3	1
3	精车右外轮廓，车削至图样要求	WNMG080404-DF W形刀片	MWLNR2525M16 95°外圆车刀刀杆		2000	350	0.25	0.5	1
4	车退刀槽	ZTHD0404-DM 切槽刀片	QEHD2525R13 外切槽刀刀杆	0～150mm,0.02mm I型游标卡尺	950	150	0.15	5	1

			工序工时	准终	单件
			工时	机动	辅助

编制(日期)	校对(日期)	会签(日期)	标准(日期)	审核(日期)

标记	处数	更改文件号	签字	日期	标记	处数	更改文件号	签字	日期

附录 B 上盖工艺文件

表 B-1 上盖的机械加工工艺过程卡片

常州机电职业技术学院		机械加工工艺过程卡片	产品型号	03	零件图号		文件编号	3001
			产品名称		零件名称	上盖	共1页	第1页
材料牌号 2A12-T4	毛坯种类 铝板	毛坯外形尺寸 80mm×80mm×25mm	设备型号及名称	夹具编号及名称	切削工具编号及名称	辅助工具编号及名称	量具编号及名称	每台件数 1 备注

部门	工序号	工序名称	工序内容	设备型号及名称	夹具编号及名称	切削工具编号及名称	辅助工具编号及名称	量具编号及名称	工序工时 准终	工序工时 单件
机加工	10	铣削	粗铣台阶	立式加工中心 VMC600		AL-2E-D8.0 平底立铣刀	BT40-ZC20-80 强力铣刀柄			
			精铣台阶座面			AL-3E-D8.0 平底立铣刀		0~150mm,0.02mm I型游标卡尺		
			精铣台阶立面							
			粗铣中心大孔			AL-2E-D16.0 平底立铣刀				
			精铣中心大孔座面			AL-3E-D16.0 平底立铣刀				
			精铣中心大孔立面							
	20	清理	去毛刺							
			清理							
	30	检验	按图样要求检测					0~150mm,0.02mm I型游标卡尺		
	40	防锈	上油							
	50	防锈	涂油							
						编制(日期)	校对(日期)	会签(日期)	标准(日期)	审核(日期)
标记	处数	更改文件号	签字	日期	标记	处数	更改文件号	签字	日期	

表 B-2　上盖的数控加工刀具卡片

常州机电职业技术学院	数控加工刀具卡片				产品型号		零件图号	03	文件编号	3002
					产品名称		零件名称	上盖	共1页	第1页
材料牌号	2A12-T4	毛坯种类	铝板	毛坯外形尺寸	80mm×80mm×25mm	设备型号	VMC600	程序编号	00001	备注
工序号	10	工序名称	铣削	设备名称	立式加工中心	每台件数	1	每毛坯件数	1	
车间	机加工					夹具代号		夹具名称	冷却液	乳化液

工步号	刀具号	刀具名称	刀具型号	刀片			刀柄型号	刀具		补偿量	备注
				牌号	刀片型号	刀尖圆弧半径/mm		直径/mm	刀长/mm	/mm	
1	01	平底立铣刀	AL-2E-D8.0	HSS			BT40-ZC20-80				ZC20-8
2,3	02	平底立铣刀	AL-3E-D8.0	HSS			BT40-ZC20-80				ZC20-8
4	03	平底立铣刀	AL-2E-D16.0	HSS			BT40-ZC20-80				ZC20-16
5,6	04	平底立铣刀	AL-3E-D16.0	HSS			BT40-ZC20-80				ZC20-16

标记	处数	更改文件号	签字	日期	标记	处数	更改文件号	签字	日期	编制（日期）	校对（日期）	审核（日期）	会签（日期）	标准（日期）	审核（日期）

表 B-3　上盖的机械加工工序卡片

机械加工工序卡片

常州机电职业技术学院		产品型号		零件图号					文件编号	3003
		产品名称		零件名称					第1页 / 共1页	材料牌号 2A12-T4

车间 机加工	工序号 10	工序名称 铣削	上盖 03		
毛坯种类 铝板	毛坯外形尺寸 80mm×80mm×25mm	每毛坯件数 1	每台件数 1		
设备名称 立式加工中心	设备型号 VMC600	设备编号	同时加工件数 1		
夹具编号	夹具名称		冷却液 乳化液 / 乳化液		
			工序工时 准终 / 单件　工时 机动 辅助		

（零件图：25 +0.03 / 4−0.06，15 +0.05 / 0，50−0.06 +0.03，50−0.1 0，φ35 +0.05 0，4×R5，∇/(√)）

工步号	工步内容	切削工具及名称 编号及名称	辅助工具 编号及名称	量检具 编号及名称	主轴转速 /(r/min)	切削速度 /(m/min)	进给量 /(mm/r)	背吃刀量 /mm	走刀次数
1	粗铣台阶，座面留0.5mm余量，立面留0.3mm余量	AL-2E-D8.0 平底立铣刀	BT40-ZC20-80 强力铣刀柄	0~150mm,0.02mm I型游标卡尺	10000	250	0.3	4	1
2	粗铣台阶座面，铣至图样要求	AL-3E-D8.0 平底立铣刀	BT40-ZC20-80 强力铣刀柄		10000	250	0.1	0.5	1
3	精车台阶立面，铣至图样要求	AL-3E-D8.0 平底立铣刀	BT40-ZC20-80 强力铣刀柄		10000	250	0.1	0.3	1
4	粗铣中心大孔，座面留0.5mm余量，立面留0.3mm余量	AL-2E-D16.0 平底立铣刀	BT40-ZC20-80 强力铣刀柄		3500	180	0.4	15	4
5	精铣中心大孔座面，铣至图样要求	AL-3E-D16.0 平底立铣刀	BT40-ZC20-80 强力铣刀柄		5000	250	0.1	0.5	1
6	精铣中心大孔立面，铣至图样要求	AL-3E-D16.0 平底立铣刀	BT40-ZC20-80 强力铣刀柄		5000	250	0.1	15	4
				编制（日期）	校对（日期）	会签（日期）	标准（日期）	审核（日期）	
标记	处数	更改文件号	签字	日期	标记	处数	更改文件号	签字	日期

附录 C　顶盖工艺文件

表 C-1　顶盖的机械加工工艺过程卡片

常州机电职业技术学院		机械加工工艺过程卡片		产品型号		零件图号	06	文件编号	6001
				产品名称		零件名称	顶盖	共 1 页	第 1 页
材料牌号	2.A12-T4	毛坯种类	铝棒	毛坯外形尺寸	φ68mm×27mm	每毛坯件数	1	每台件数	1	备注	

工序号	工序名称	工序内容	设备型号及名称	夹具编号及名称	切削工具编号及名称	辅助工具编号及名称	量具编号及名称	工序工时 准终	工序工时 单件
10	数控车	粗车右端面	T420 数控车床		CAMG120412-DR C形刀片	PCLNR2020K12 外圆车刀刀杆			
		精车右端面			CAMG120408-DM C形刀片		0~150mm,0.02mm I型游标卡尺		
		粗车右端外轮廓			CAMG120412-DR C形刀片				
		精车右端外轮廓			CAMG120408-DM C形刀片				
		车退刀槽			ZTFD0303-MG 切槽刀刀片	QFGD2020R13 外切槽刀刀杆			
20	数控铣	粗铣圆形型腔	VMC600 加工中心		AL-2E-D8.0 平底立铣刀	BT40-ZC20-80 强力铣刀柄	0~150mm,0.02mm I型游标卡尺		
		精铣圆形型腔			AL-3E-D8.0 平底立铣刀				
30	清理	去毛刺							
		清理							
40	检验	按图样要求检测					0~150mm,0.02mm I型游标卡尺		
50	防锈	上油							
50	防锈	涂油							
			编制(日期)	校对(日期)	编制(日期)	会签(日期)	标准(日期)	审核(日期)	
标记	处数	更改文件号	签字	日期	标记	处数	更改文件号	签字	日期

表 C-2　顶盖的数控加工刀具卡片（工序 10）

数控加工刀具卡片

常州机电职业技术学院			产品型号		零件图号	06	文件编号	6002
			产品名称		零件名称	顶盖	共 1 页	第 1 页

材料牌号	2A12－T4	毛坯种类	铝棒	毛坯外形尺寸	φ68mm×27mm	每毛坯件数	1	每台件数	1	备注	
车间	机加工	工序号	10	工序名称	数控车	设备名称	数控车床	设备型号	T420	程序编号	00001
夹具代号	1	夹具名称		冷却液	乳化液						

工步号	刀具号	刀具名称	刀具型号	刀片		刀尖圆弧半径/mm	刀柄型号	刀具		补偿量/mm	备注
				刀片型号	牌号			直径/mm	刀长/mm		
1,3	01	可转位外圆车刀	PCLNR2020K12	CAMG120412-DR	YBC252	1.2					
2,4	02	可转位外圆车刀	PCLNR2020K12	CAMG120408-DM	YBC252	0.8					
5	03	外切槽刀	QFGD2020R13	ZTFD0303-MG	YGB302						

编制（日期）	校对（日期）	会签（日期）	标准（日期）	审核（日期）

标记	处数	更改文件号	签字	日期	标记	处数	更改文件号	签字	日期

表 C-3　顶盖的数控加工刀具卡片（工序 20）

常州机电职业技术学院				数控加工刀具卡片		产品型号		零件图号		06	文件编号	6002
						产品名称		零件名称	顶盖	1	共 1 页	第 1 页
材料牌号	2A12－T4	毛坯种类	铝棒	毛坯外形尺寸	φ68mm×27mm	每毛坯件数		每台件数	1		备注	
车间	工序号	工序名称	设备名称	设备型号	程序编号		夹具代号	1	夹具名称		冷却液	
机加工	20	数控铣	加工中心	VMC600	00002						乳化液	
								刀柄型号		刀具		
工步号	刀具号	刀具名称	刀具型号	刀片					直径/mm	刀长/mm	补偿量/mm	备注
				刀片型号	牌号	刀尖圆弧半径/mm						
1	01	平底立铣刀	AL-2E-D8.0		HSS		BT40-ZC20-80					ZC20-8
2	02	平底立铣刀	AL-3E-D8.0		HSS		BT40-ZC20-80					ZC20-8
								编制（日期）	校对（日期）	会签（日期）	标准（日期）	审核（日期）
标记	处数	更改文件号	签字	日期	标记	处数	更改文件号	签字	日期			

表 C-4 顶盖的机械加工工序卡片（工序 10）

常州机电职业技术学院	机械加工工序卡片	产品型号		零件图号		文件编号	6003
		产品名称		零件名称		第1页	共1页

车间	机加工	工序号	10	工序名称	06 顶盖	材料牌号	2A12-T4
毛坯种类	铝棒	毛坯外形尺寸	φ68mm×27mm	每毛坯数	1	每台件数	1
设备名称	数控车床	设备型号	数控车	设备编号	T420	同时加工件数	1
夹具编号		夹具名称				冷却液	乳化液

技术要求：未注倒角C1。 $\sqrt{Ra\,1.6}$

尺寸：25，$\phi 60^{+0.03}_{0}$，R5，3×2

工步号	工步内容	切削工具编号及名称	辅助工具编号及名称	量检具编号及名称	主轴转速 /(r/min)	切削速度 /(m/min)	进给量 /(mm/r)	背吃刀量 /mm	走刀次数	工时 机动	工时 辅助
1	粗车右端面，留1mm余量	CAMG120412-DR C形刀片	PCLNR2020K12 外圆车刀刀杆		2000	250	0.4	1	1		
2	精车右端面，车削至图样要求	CAMG120408-DM C形刀片		0~150mm, 0.02mm I型游标卡尺	—	350	0.25	1	1		
3	粗车右外轮廓，留1mm余量	CAMG120412-DR C形刀片		0~150mm, 0.02mm I型游标卡尺	2000	250	0.4	11	—		
4	精车右外轮廓，车削至图样要求	CAMG120408-DM C形刀片		0~150mm, 0.02mm I型游标卡尺	—	350	0.25	0.5	4		
5	车退刀槽，车削至图样要求	ZTFD0303-MG 切槽刀片	QFGD2020R13 外切槽刀刀杆	0~150mm, 0.02mm I型游标卡尺	1300	180	0.15	3	1		
							工序工时		准终		单件

		编制（日期）	校对（日期）	标准（日期）	审核（日期）	会签（日期）
标记	处数	更改文件号	签字	日期	标记	处数 更改文件号 签字 日期

表C-5 顶盖的机械加工工序卡片（工序20）

常州机电职业技术学院	机械加工工序卡片	产品型号		零件图号	06	文件编号	6003
		产品名称		零件名称	顶盖	共1页	第1页

车间	工序号	工序名称	材料牌号	2A12-T4
机加工	20	数控铣		
毛坯种类 铝棒	毛坯外形尺寸 φ68mm×27mm	每毛坯件数 1	每台件数 1	
设备名称 立式加工中心	设备型号 VMC600	设备编号	同时加工件数 1	
夹具编号	夹具名称	冷却液 乳化液		

工时：工序工时 准终 单件

$\phi 30^{+0.03}_{0}$　$9^{+0.05}_{0}$　$\sqrt{Ra\,1.6}$　$\sqrt{}$

技术说明：未注倒角C1。

工步号	工步内容	切削工具编号及名称	辅助工具编号及名称	量检具编号及名称	主轴转速/(r/min)	切削速度/(m/min)	进给量/(mm/r)	背吃刀量/mm	走刀次数	工时(机动)	工时(辅助)
1	粗铣圆形型腔，座面留0.5mm余量，立面留0.3mm余量	AL-2E-D8.0 平底立铣刀	BT40-ZC20-80 强力铣刀柄		10000	250	0.3	5	2		
2	精铣圆形型腔座面，铣削至图样要求	AL-3E-D8.0 平底立铣刀	BT40-ZC20-80 强力铣刀柄	0~150mm,0.02mm I型游标卡尺	10000	250	0.4	0.5/0.3	1		
3	精铣圆形型腔立面，铣削至图样要求	AL-3E-D8.0 平底立铣刀	BT40-ZC20-80 强力铣刀柄	0~150mm,0.02mm I型游标卡尺	10000	250	0.4	0.5/0.3	1		

编制（日期）	校对（日期）	审核（日期）	会签（日期）	标准（日期）

标记	处数	更改文件号	签字	日期	标记	处数	更改文件号	签字	日期

附录 D 底板工艺文件

表 D-1 底板机械加工工艺过程卡片

常州机电职业技术学院	机械加工工艺过程卡片		产品型号		零件图号		文件编号	4001
			产品名称		零件名称		共 1 页	第 1 页
材料牌号	2A12－T4	毛坯种类 铝板	毛坯外形尺寸 80mm×80mm×15mm	每毛坯件数 1	每台件数 1	底板 04		备注

工序号	工序名称	工序内容	部门	设备型号及名称	夹具编号及名称	切削工具编号及名称	辅助工具编号及名称	量具编号及名称	工序工时(准终/单件)
10	铣削	粗铣型腔	机加工	VMC600 立加		AL-2E-D8.0 平底立铣刀	BT40-ZC20-80 强力铣刀柄		
		精铣型腔座面				AL-3E-D8.0 平底铣刀		0~150mm,0.02mm I型游标卡尺	
		精铣型腔侧面							
		粗铣中心大孔				AL-2E-D16.0 平底铣刀			
		精铣中心大孔侧面				AL-3E-D16.0 平底铣刀		0~150mm,0.02mm I型游标卡尺	
20	清理	去毛刺							
		清理							
30	检验	按图样要求检测							
40	防锈	上油							
50	防锈	涂油							
						编制(日期)	校对(日期)	会签(日期)	标准(日期) 审核(日期)
标记	处数	更改文件号	签字	日期	标记	处数	更改文件号	签字	日期

表 D-2 底板的数控加工刀具卡片

常州机电职业技术学院	数控加工刀具卡片	产品型号		零件图号		文件编号	04	4002
		产品名称		零件名称		共1页 第1页		第1页

材料牌号 2A12-T4	毛坯种类 铝板	毛坯外形尺寸 80mm×80mm×15mm	每毛坯件数 1	每台件数 1	底板 1	备注
车间 机加工	工序号 10	工序名称 铣削	设备名称 立式加工中心	设备型号 VMC600	程序编号 00001	夹具代号 1
					夹具名称	冷却液 乳化液

工步号	刀具号	刀具名称	刀具型号	刀片型号	牌号	刀尖圆弧半径/mm	刀柄型号	直径/mm	刀长/mm	补偿量/mm	备注
1	01	平底立铣刀	AL-2E-D8.0		HSS		BT40-ZC20-80				ZC20-8
2,3	02	平底立铣刀	AL-3E-D8.0		HSS		BT40-ZC20-80				ZC20-8
4	03	平底立铣刀	AL-2E-D16.0		HSS		BT40-ZC20-80				ZC20-16
5	04	平底立铣刀	AL-3E-D16.0		HSS		BT40-ZC20-80				ZC20-16

标记	处数	更改文件号	签字	日期	标记	处数	更改文件号	签字	日期	编制(日期)	校对(日期)	会签(日期)	标准(日期)	审核(日期)

表 D-3　底板的机械加工工序卡片

常州机电职业技术学院	机械加工工序卡片	产品型号		零件图号	
		产品名称		零件名称	

车间	机加工	工序号	10	底板	04	文件编号	共1页	第1页 4003
毛坯种类	铝板	毛坯外形尺寸	80mm×80mm×15mm	每毛坯数	1	材料牌号	2A12-T4	每台件数 1
设备名称	立式加工中心	设备型号	VMC600	设备编号		同时加工件数	1	
夹具编号		夹具名称		冷却液	乳化液			
						工序工时	准终	单件

$\sqrt{Ra\,1.6}$ (√)

工步号	工步内容	切削工具编号及名称	辅助工具编号及名称	量检具编号及名称	主轴转速/(r/min)	切削速度/(m/min)	进给量/(mm/r)	背吃刀量/mm	走刀次数	工时 机动	工时 辅助
1	粗铣凹廓，座面留0.5mm余量，立面留0.3mm余量	AL-2E-D8.0 平底立铣刀	BT40-ZC20-80 强力铣刀柄		10000	250	0.3	4	1		
2	精铣型腔座面，铣削至图样要求	AL-3E-D8.0 平底立铣刀	BT40-ZC20-80 强力铣刀柄	0～150mm,0.02mm I型游标卡尺	10000	250	0.1	0.5	1		
3	精车型腔立面，车削至图样要求	AL-3E-D8.0 平底立铣刀	BT40-ZC20-80 强力铣刀柄	0～150mm,0.02mm I型游标卡尺	10000	250	0.1	0.3	1		
4	粗铣中心大孔，立面留0.3mm余量	AL-2E-D16.0 平底立铣刀	BT40-ZC20-80 强力铣刀柄		3500	180	0.4	15	4		
5	精铣中心大孔立面，铣削至图样要求	AL-3E-D16.0 平底立铣刀	BT40-ZC20-80 强力铣刀柄	0～150mm,0.02mm I型游标卡尺	5000	250	0.1	15	1		

编制（日期）	校对（日期）	审核（日期）	标准（日期）	会签（日期）

标记	处数	更改文件号	签字	日期	标记	处数	更改文件号	签字	日期

附录 E　组件坯料图

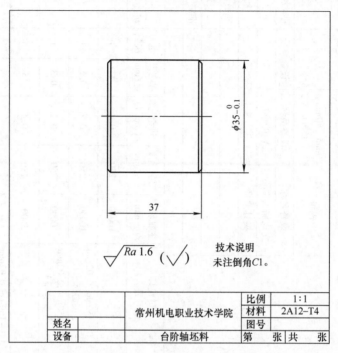

$\phi 35^{\ 0}_{-0.1}$

37

$\sqrt{Ra\,1.6}$ $\left(\sqrt{}\right)$

技术说明
未注倒角C1。

		比例	1:1
	常州机电职业技术学院	材料	2A12–T4
姓名		图号	
设备	台阶轴坯料	第　张	共　张

图 E-1　台阶轴坯料图

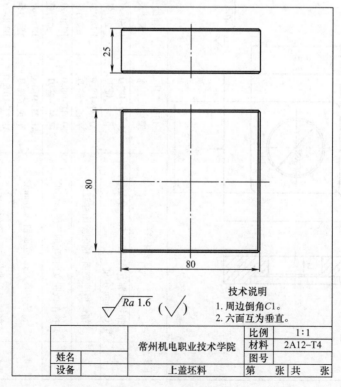

25

80

80

$\sqrt{Ra\,1.6}$ $\left(\sqrt{}\right)$

技术说明
1. 周边倒角C1。
2. 六面互为垂直。

		比例	1:1
	常州机电职业技术学院	材料	2A12–T4
姓名		图号	
设备	上盖坯料	第　张	共　张

图 E-2　上盖坯料图

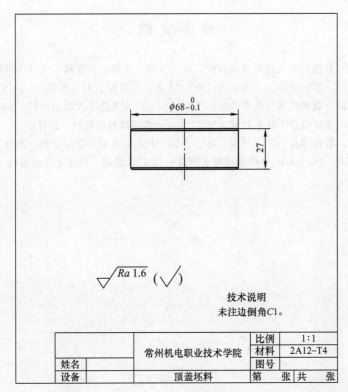

图 E-3　顶盖坯料图

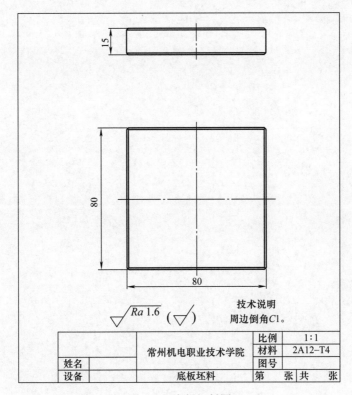

图 E-4　底板坯料图

参 考 文 献

[1] 马金平, 冯利. 数控加工工艺项目化教程 [M]. 3 版. 大连：大连理工大学出版社, 2018.

[2] 高建国, 周云曦. 多轴数控加工及工艺 [M]. 大连：大连理工大学出版社, 2019.

[3] 马雪峰, 史东丽. 数控机床与操作 [M]. 2 版. 大连：大连理工大学出版社, 2019.

[4] 许文稼, 张飞. 工业机器人技术基础 [M]. 北京：高等教育出版社, 2017.

[5] 周保牛, 刘江. 数控编程与加工技术 [M]. 3 版. 北京：机械工业出版社, 2019.

[6] 陈丽华, 庞雨花. UG NX 10.0 产品建模实例教程 [M]. 北京：电子工业出版社, 2017.